回路設計者のための
インピーダンス整合入門

若井 一顕 著

日刊工業新聞社

はじめに

　回路設計者が機器のインターフェースに気を配ることは多い。増幅器間の接続、信号のレベルによっては増幅デバイスの入力電流が増加して伝送信号にひずみを与えることもある。本書ではインピーダンスと整合（matching）を広く扱ってみたいと考えている。インピーダンスというと音声信号、電源などに代表される交流回路、そして高周波回路で議論することが多くなる。直流回路は主に抵抗負荷であるから特段インピーダンスを用いることは少ないが最近ではバッテリの解析にインピーダンスを用いている例もある。直流回路でも回路の on-off 時の立ち上がりや立ち下りでは、信号に含まれる高周波成分を考慮することが必要になるため周波数領域での議論も含めた過度現象論などがある。

　回路設計者は増幅器を作るときに負荷インピーダンスを整合させないと、電力効率の低下や音質劣化が避けられない。オーディオ増幅器とスピーカの関係では音質の要素であるダンピング・ファクタが重視される。プリント基板などの回路接続では平衡、不平衡モードへの変換回路での整合が重要になる。不整合部分があると結合部分からは電磁放射があり逆に雑音干渉波受信の要因ともなる。抵抗体 R から発生する雑音電力の整合時の最大電力が、「KTB」という R を含まない形で与えられるという興味深い部分も解説する。デジタル伝送においては不整合状態でのビット誤り率の劣化に考慮する必要がある。ビット誤り率の増加は画像・音声のフリーズやブラックアウトの原因となる。

　私が整合に興味を持ったのは、本書で解説するインピーダンスの円線図法を用いてアンテナの整合を取ってからのことである。整合の過程を動的にイメージする方法を発見してから整合作業は飛躍的に向上した。インピーダンスと整合は電気技術者にとっては必須の技術である。電気回路や電磁気学、そしてアンテナや電波の世界では避けては通れない。本書ではインピーダンスを易しく解説すること、広い範囲での整合の必要性をエネルギ伝送と効率、伝送ひずみの視点から解き明かしてみたい。現場技術者や回路設計者に新たな気づきを与えることができ、広く設計に役立てることが出来ればと考える。

2015 年 3 月

若井一顕

目 次

はじめに i

第1章　整合の基本 1

1.1　インピーダンス整合とは 2
- 1.1.1　インピーダンスとは 2
- 1.1.2　整合を必要とする世界 4
- 1.1.3　電波と整合 4
- 1.1.4　電波の特性インピーダンス 6

1.2　整合の意味と必要性 8
- 1.2.1　整合の意味 8
- 1.2.2　整合の意味を考える 8
- 1.2.3　整合回路 9
- 1.2.4　Sを用いた整合方法 10
- 1.2.5　ベクトル整合手法 11

1.3　整合しない場合の弊害 12
- 1.3.1　アンテナとの整合とは 12
- 1.3.2　アンテナ特性とインピーダンスの変化 12
- 1.3.3　中波アンテナの帯域内特性 13
- 1.3.4　整合回路とS 14

1.4　伝送線路と整合 17
- 1.4.1　伝送線路の基本的な考え方 17
- 1.4.2　負荷側と電源側の反射係数を考える 18

1.5　伝送情報の無ひずみ伝送 20
- 1.5.1　伝送路のVSWRの改善 20
- 1.5.2　図表を用いたVSWRの改善効果の検証 21

1.6 伝送線路の耐電圧、耐電力 ……………………………………………… 22
   1.6.1 耐雷サージと整合回路の保護方式 …………………………………… 22
   1.6.2 放電箇所と BG 設置位置の選定 ……………………………………… 23
1.7 電源と整合エネルギの効率 ……………………………………………… 26
   1.7.1 伝送線路の特性インピーダンス ……………………………………… 26
   1.7.2 伝送線路の短縮率 ……………………………………………………… 27
1.8 平衡、不平衡回路との整合 ……………………………………………… 30
   1.8.1 平衡線路、不平衡線路 ………………………………………………… 30
   1.8.2 平衡、不平衡変換 ……………………………………………………… 30
   1.8.3 外套管（シュペルトップ）を用いた線路の接続 …………………… 31
   1.8.4 ダイポールアンテナと同軸線路の接続 ……………………………… 31
1.9 アンテナは不整合線路 …………………………………………………… 34
   1.9.1 $\lambda/2$ ダイポールアンテナの電流分布 …………………………………… 34
   1.9.2 $\lambda/2$ アンテナの放射電力の計算 ……………………………………… 34
   1.9.3 線条アンテナのインピーダンス軌跡 ………………………………… 36
   1.9.4 広帯域アンテナ ………………………………………………………… 36

第 2 章　電子回路設計と整合 …………………………………………… 39

2.1 音声増幅器とスピーカのダンピング …………………………………… 40
   2.1.1 増幅器の負荷インピーダンスとダンピング ………………………… 40
   2.1.2 プッシュプルと SEPP の負荷インピーダンス ……………………… 41
   2.1.3 音声信号と標本化 ……………………………………………………… 43
2.2 交流負荷と直流負荷のクリッピングひずみ …………………………… 45
   2.2.1 負荷インピーダンスによるひずみ …………………………………… 45
   2.2.2 直流負荷と交流負荷 …………………………………………………… 46
2.3 アナログ／デジタル変換における整合 ………………………………… 48
   2.3.1 アナログ／デジタル変換 ……………………………………………… 48
   2.3.2 デジタル送信機に要求される量子化数 ……………………………… 48
   2.3.3 ビッグステップ PA とバイナリーステップ PA ……………………… 51

- 2.4 デジタル固体化増幅器の電力加算 53
  - 2.4.1 高周波電圧加算と合成出力 53
  - 2.4.2 100％変調における平均電力の計算 54
  - 2.4.3 電源から見た負荷インピーダンス 55
- 2.5 増幅器の効率と整合 57
  - 2.5.1 高周波増幅器の動作 57
  - 2.5.2 固体化 PA の動作効率 57
  - 2.5.3 固体化 PA の効率の向上と総合効率 61
- 2.6 デジタル送信機の負荷インピーダンス 62
  - 2.6.1 デジタル PA 合成のモデル計算 62
- 2.7 ドハティ増幅器とインピーダンス 65
  - 2.7.1 高周波の増幅の効率 65
  - 2.7.2 中波のデジタル放送 67
  - 2.7.3 OFDM 信号の特徴 68
  - 2.7.4 中波送信機への適合性 68
- 2.8 雑音電力の整合時の KTB の不思議 71
  - 2.8.1 雑音とは何か 71
  - 2.8.2 熱雑音と整合 71
  - 2.8.3 電気回路と雑音指数 72
  - 2.8.4 雑音と情報伝送（シャノンの定理） 73
- 2.9 デジタル伝送の誤り率の劣化 74
  - 2.9.1 マルチパスは不整合伝送路 74
  - 2.9.2 ODFM 変調 75
  - 2.9.3 シンボル長からみたマルチキャリアと多相化の利点 76
- 2.10 アナログ回路の多重化画像は今 79
  - 2.10.1 ガードインターバルとマルチパス 79

第3章　電子デバイスと整合 83
3.1　半導体回路の整合 84
3.1.1　負性抵抗 84
3.1.2　トンネル・ダイオード 85
3.2　分配合成回路の整合 88
3.2.1　分配合成回路の種類 88
3.2.2　ブリッジドT型回路の解析 88
3.2.3　ブリッジドT型回路と3dBカップラ 90
3.2.4　分布定数線路の3dBカップラ 91
3.2.5　同軸線路の平衡形合成装置 92
3.2.6　同軸線路の不平衡型合成装置 92
3.2.7　ラットレース回路 92
3.3　ひずみ波のインピーダンス 94
3.3.1　ひずみ波のインピーダンス 94
3.3.2　フーリエ級数展開 94
3.3.3　矩形波のフーリエ級数展開とインピーダンス 95
3.4　バッテリとインピーダンス 97
3.4.1　バッテリの管理 97
3.4.2　電池のインピーダンス測定 97
3.4.3　DOD（Deeps of Discharge）とメモリー効果 98
3.4.4　電力の貯蔵方法 99
3.5　フィルタの伝送特性と整合 101
3.5.1　定K形低域フィルタ 101
3.5.2　ブリッジドT回路のノッチ特性 102
3.6　アッテネータの減衰量 104
3.6.1　ラダー回路の減衰器 104
3.6.2　抵抗器の整合と減衰器 104
3.6.3　導波管の終端抵抗器と減衰器 106
3.6.4　回転形減衰器 107

- 3.7 デジタル信号の伝送と整合 ……………………………………………………… 108
  - 3.7.1 デジタル信号の観測 ……………………………………………………… 108
  - 3.7.2 入力電圧の分圧と高インピーダンス ………………………………… 108
  - 3.7.3 過度特性のない CR 回路 ………………………………………………… 109
- 3.8 方向性結合器 …………………………………………………………………………… 111
  - 3.8.1 広帯域での進行波の検出測定 ………………………………………… 111
  - 3.8.2 伝送路の VSWR 算出 …………………………………………………… 113
  - 3.8.3 任意の $\lambda/4$ 差の点における VSWR の算出 ……………………… 115
- 3.9 漏えい伝送線と整合 ………………………………………………………………… 117
  - 3.9.1 漏えいケーブルの構造 ………………………………………………… 117
  - 3.9.2 閉塞地域での再送信への応用 ………………………………………… 117
  - 3.9.3 送電線放送 ………………………………………………………………… 118
  - 3.9.4 漏えいケーブルの種類 ………………………………………………… 119
- 3.10 アース回路と整合 …………………………………………………………………… 120
  - 3.10.1 アースと整合を考える ………………………………………………… 120
  - 3.10.2 止まり木アースの施工処理 …………………………………………… 121
  - 3.10.3 アンテナの耐雷 …………………………………………………………… 121
  - 3.10.4 送信機の耐雷と EMC …………………………………………………… 123
  - 3.10.5 信号系の耐雷と誘導雑音 ……………………………………………… 123

第 4 章　集中定数回路と整合 ……………………………………………………… 125

- 4.1 高雑音領域でのインピーダンス測定 …………………………………………… 126
  - 4.1.1 誘起電圧環境下でのインピーダンス特性測定 …………………… 126
  - 4.1.2 測定器の原理 ……………………………………………………………… 126
  - 4.1.3 インピーダンスの決定 ………………………………………………… 129
  - 4.1.4 性能の評価方法 …………………………………………………………… 129
  - 4.1.5 測定結果と測定方法の応用展開 ……………………………………… 130
- 4.2 インダクタンスとキャパシタンスで整合をとる ……………………………… 132
  - 4.2.1 LC を使って整合をとる ………………………………………………… 132

4.2.2 ベクトルの演算 ……………………………………………………… 132
4.2.3 リアクタンスで整合をとることにこだわる ……………………… 135
4.3 集中定数回路を使った整合 ……………………………………………… 136
4.3.1 集中定数回路の整合 ………………………………………………… 136
4.3.2 インダクタンスのフラッパーによる可変 ………………………… 136
4.3.3 コイルのレアーショートによる電流の推定 ……………………… 138
4.3.4 コイル端の処理方法 ………………………………………………… 139
4.4 インピーダンスのベクトル整合手法 …………………………………… 141
4.4.1 ベクトル整合手法 …………………………………………………… 141
4.5 L型整合回路 ………………………………………………………………… 144
4.5.1 複素数の計算から整合素子を決定 ………………………………… 144
4.5.2 Sを用いた整合方法 ………………………………………………… 145
4.6 π型整合回路 ………………………………………………………………… 147
4.6.1 π型整合回路 ………………………………………………………… 147
4.6.2 π型整合回路によるLPFとHPF …………………………………… 149
4.7 T型整合回路 ………………………………………………………………… 151
4.7.1 T型整合回路 ………………………………………………………… 151
4.7.2 LPF、HPF構成の選択 ……………………………………………… 151
4.7.3 T型のλ/4回路 ………………………………………………………… 152
4.7.4 λ/4回路の負荷に対する入力インピーダンスの変化 …………… 152
4.8 円線図と共役のインピーダンスの関係 ………………………………… 155
4.8.1 インピーダンスを動的に表現する ………………………………… 155
4.8.2 負荷の変化と入力インピーダンス ………………………………… 155
4.8.3 並列リアクタンスで回転方向を見極める ………………………… 157
4.9 インピーダンスの並列合成 ……………………………………………… 159
4.9.1 インピーダンスの並列計算を考える ……………………………… 159
4.9.2 並列インピーダンスの図式解法のアプローチ …………………… 161
4.10 自動整合回路の応用 ……………………………………………………… 163
4.10.1 非常災害時の迅速な整合 …………………………………………… 163
4.10.2 アンテナ特性の変動と自動整合 …………………………………… 165

4.10.3　自動整合回路の基本 ··· 166
4.10.4　T型自動整合回路の動作 ··· 166

第5章　分布定数回路と整合 ··· 169

5.1　スミスチャートの活用と整合 ··· 170
5.1.1　スミスチャートを描く ··· 170
5.2　ハイパブリック sin と三角関数 ··· 173
5.2.1　損失のある伝送路と双曲線関数 ··· 173
5.3　UHF 伝送とマルチパス ·· 175
5.3.1　VHF から UHF への移行 ··· 175
5.3.2　マルチパスと合成の等価 C/N の算出 ································· 175
5.3.3　等価 C/N の加算方法 ··· 176
5.3.4　遅延プロファイル ·· 177
5.3.5　遅延プロファイルから反射点の特定 ··································· 178
5.4　VSWR（定在波比）と DCR（直流抵抗） ····································· 181
5.4.1　直流回路の VSWR ··· 181
5.4.2　抵抗の並列ベクトル計算 ·· 182
5.4.3　抵抗器の整合と減衰器 ·· 183
5.5　並行ケーブル、同軸ケーブルの整合 ·· 185
5.5.1　並行ケーブル、同軸ケーブルの伝搬モード ························· 185
5.5.2　同軸ケーブルの整合 ··· 185
5.6　広帯域整合 ··· 188
5.6.1　λ/4 回路の多段化と広帯域化 ··· 188
5.6.2　予測制御方式 ·· 188
5.6.3　位相制御方式 ·· 189
5.7　導波管の特性インピーダンス ··· 192
5.7.1　導波管の特性インピーダンス ·· 192
5.8　導波管の整合 ·· 194
5.8.1　導波管窓による整合 ··· 194

- 5.8.2 導体棒 ··· 195
- 5.8.3 導波管変成器 ··· 195
- 5.8.4 テーパ変成器 ··· 196

5.9 導波管とアンテナ ·· 197
- 5.9.1 方形導波管からの放射 ··· 197
- 5.9.2 パラボラアンテナ ··· 198

5.10 TWTA（traveling wave tube amplifier）進行波管増幅器 ············· 201
- 5.10.1 電子の速度と電波の速度 ·· 201
- 5.10.2 TWTの動作 ·· 202
- 5.10.3 ヘリックスと電子の干渉 ·· 203
- 5.10.4 TWTの特徴 ·· 204

5.11 マジックT回路の応用 ·· 205
- 5.11.1 導波管の分岐回路 ·· 205
- 5.11.2 マジックTによるインピーダンス測定 ····························· 206
- 5.11.3 マジックTによる合成器と分配器 ·································· 206

5.12 アイソレータ ·· 208
- 5.12.1 アイソレータとは ·· 208
- 5.12.2 中波帯アイソレータの実現と課題 ································ 209
- 5.12.3 3dBカップラ用ブリッジドT型回路 ································ 210
- 5.12.4 ジャイレータの挿入とアイソレータ ······························ 211

5.13 サーキュレータ ·· 213
- 5.13.1 サーキュレータの動作 ·· 213
- 5.13.2 サーキュレータの応用 ·· 213

参考文献 ·· 215
索引 ·· 216

第1章

整合の基本

1.1 インピーダンス整合とは

1.1.1 インピーダンスとは

　電気回路の勉強を始めると最初は直流回路、そして交流回路を学ぶ。そして交流回路は低周波そして高周波へと展開する。低周波というと電源などの 50Hz、60Hz の周波数がある。音声信号などのオーディオ信号はほぼ 20Hz から 20,000Hz であり可聴周波数といって人の耳で聞こえる領域である。数十kHz 以上では高周波の世界といえる。通常の回路設計の世界から、電波として自由空間に放射される周波数領域でのインピーダンスも論じられる。

　ここでインピーダンスを構成する 3 つの電気素子を考える。電気素子にはレジスタンス、インダクタンス、そしてキャパシタンスがある。インダクタンスやキャパシタンスは使用する周波数が異なるとこれらのリアクタンス値は異なる。リアクタンスは周波数の関数である。電気素子のリアクタンス、インピーダンスを、**表** 1.1.1 に整理した。

　インピーダンスを皮相抵抗と呼ぶこともある。抵抗とリアクタンスは直列で扱うことも並列で扱うこともある。この相互変換は簡単である。**図** 1.1.1、図

表 1.1.1　電気素子のリアクタンスとインピーダンス

	名　称	リアクタンス（Ω）	インピーダンス（Ω）
R	レジスタンス（Ω）		$Z = R \pm j0$
L	インダクタンス（H）	$jx_l = j\omega l$ $\omega l = 2\pi f l$	$Z = r + jxl$ $Z = R // jX_L$ // : 並列
C	キャパシタンス（F）	$jx_c = \dfrac{1}{j\omega c}$ $\dfrac{1}{\omega c} = \dfrac{1}{2\pi f c}$	$Z = r - j\dfrac{1}{\omega c}$ $Z = R // -j\dfrac{1}{X_c}$

第1章 整合の基本

1.1.2 に抵抗と±のリアクタンス合成を示した。

　インピーダンスは電力の世界では電源の内部インピーダンスやパーセント・インピーダンスなどが使われる。オーディオの世界ではスピーカの入力インピーダンスやアンプの負荷インピーダンスが使われる。高周波の世界では、伝送路のインピーダンス、アンテナのインピーダンス、そして自由空間の電波インピーダンスなどが使われる。インピーダンスは複素数の世界である。抵抗は実数部で表現しリアクタンスは虚数部で表現される。虚数部には正と負がある。

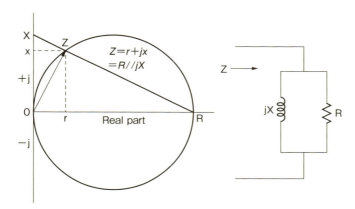

図 1.1.1　抵抗とインダクタンスの合成

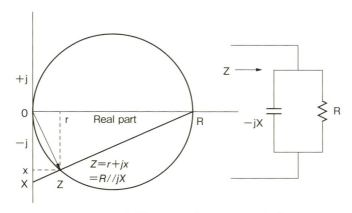

図 1.1.2　抵抗とキャパシタンスの合成

なお、インピーダンスには測定器で直接測れるインピーダンスと測れないインピーダンスがある。素子のインピーダンスやアンテナの入力インピーダンスは測定できる。自由空間のインピーダンス、電波インピーダンス、伝送路の波動インピーダンス、サージインピーダンスなどは直接測定できない。だから間接的に測定するか構造的に算出する。特性インピーダンスは構造的、空間的に決まると考えられる。線路の太さ、長さ、離隔距離、加えて空間の誘電率などに支配されて決定される。

1.1.2　整合を必要とする世界

　整合（matching）とは普段あまりなじみがない人も少なくないと思う。整合を扱う代表的な項目をいくつか挙げる。
◎異なるインピーダンス回路を接続する整合
　　電気回路や電子回路を多段にスムーズに結合する技術。
◎送信機とアンテナとの整合
　　送信機などの信号源からのエネルギをフィーダ経由でアンテナに効率的に伝送するための技術とその作業。
◎受信機と受信アンテナとの整合
　　受信アンテナで捉えた電波をマルチパスひずみがなく受信装置に伝送する。
◎伝送線路の保護としての整合
　　整合が取れていない線路上には電圧の強弱（VSW：定在波）が発生して、最悪の場合には線路内で絶縁破壊を起こして伝送線路が過熱して燃えることもある。
◎伝送路からの電波放射と吸収を抑圧するための整合
　　伝送線路からの電波放射の抑圧、逆に外来電波を装置側に誘導させない。

1.1.3　電波と整合

　ここでアンテナから電波が放射されることを少し考える。送信機のエネルギ

第1章 整合の基本

が遠くの受信者に届くまでに空間や真空中を電波が伝送していくと考える。そのエネルギにはもちろん紐などははいっていないので無線という。空気中であれば音が空気を振動させて伝搬していく。水中でも音波が伝わるのは水が媒介するからである。それでは電波は何を振動させて伝搬するのか？ 昔の物理学者はエーテルという存在を探していた。電波が伝搬するにはエーテルを振動させることが必要であると考えていたためであるが、エーテルは見つからなかった。

電波の伝搬を議論するにはマクスウェルが一役買う。マクスウェルの電磁方程式を解くと、静電界、誘導電磁界、そして放射電磁界が出てくる。前者の2つは距離の2乗、3乗に反比例するためアンテナなどの近傍には存在するがすぐ減衰する。放射電磁界は距離に反比例する項で減衰量は少ない成分である。電波の伝搬ではこの放射電磁界の相互作用で説明される。

以下の式の展開は、マクスウェルの電磁方程式を解いた結果出てくる、静電界、誘導電磁界、放射電磁界である。電波として扱うのは放射電磁界の世界である。特別にアンテナ近傍の電磁界を議論するときには図1.1.3のようにこれらの成分のベクトル合成値として扱うことがある。

$$E_1 = \frac{\lambda}{2\pi c} \cdot \frac{l \cdot I}{r^3} \sqrt{1 + 3\cos^2\theta} \sin(\omega t - kr) \quad \text{静電界}$$

$$E_2 = \frac{1}{c} \cdot \frac{l \cdot I}{r^2} \sqrt{1 + 3\cos^2\theta} \sin(\omega t - kr) \quad \text{誘導電界}$$

$$E_3 = -\frac{2\pi}{\lambda c} \cdot \frac{l \cdot I}{r} \sin\theta \sin(\omega t - kr) \quad \text{放射電界}$$

$$H_1 = 0 \quad \text{静磁界}$$

図1.1.3 電磁波のベクトル関係

$$H_2 = \frac{1}{c} \cdot \frac{l \cdot I}{r^2} \sin\theta \sin(\omega t - kr) \qquad 誘導磁界$$

$$H_3 = -\frac{2\pi}{\lambda c} \cdot \frac{l \cdot I}{r} \sin\theta \sin(\omega t - kr) \qquad 放射磁界$$

1.1.4 電波の特性インピーダンス

電波の特性インピーダンスは、固有インピーダンスとか波動（サージ）インピーダンスとか様々ないい方がされている。すなわち電波の伝送路のインピーダンスである。空間に特性インピーダンスを規定するイメージは描きづらいと思う。電波の特性インピーダンス線路には、あらゆる周波数の電波がこの空間を共有の伝送路として使用する。公の高速道路のような存在である。

電波の特性インピーダンは固有インピーダンス（波動インピーダンス）

電解 E [V/m] と磁界 H [A/m] の比は [Ω] の単位を有し、それを Z_0 とおき、真空中の誘電率 ε および透磁率 μ の値から、次のように定義できる。

$$Z_0 = \frac{E}{H} = \sqrt{\frac{\mu_0}{\varepsilon_0}} \fallingdotseq 120\pi \fallingdotseq 377 \quad [\Omega]$$

ただし、$\mu_0 = 4\pi \times 10^{-7}$ [H/m or (V・s)/(A・m)]

$\varepsilon_0 \fallingdotseq \dfrac{10^{-9}}{36\pi}$ [F/m or (A・s)/(V・m)]

この Z_0 を真空中（近似的に空気中）の固有インピーダンス、または波動インピーダンスという。これは伝送線路における特性インピーダンスに相当する。

電波のインピーダンスを 120π と表現することもできる。これは 377Ω になる。アンテナには3つのインピーダンスが使われる。入力インピーダンス、特性インピーダンス、そして放射インピーダンスである。アンテナの入力インピーダンスは高周波信号が自由空間にデビューするための登竜門のインピーダンスともいえる（図 1.1.4）。

第 1 章　整合の基本

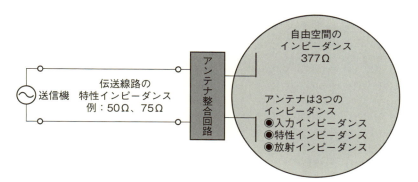

図 1.1.4　伝送線とアンテナ入力インピーダンス

1.2 整合の意味と必要性

1.2.1 整合の意味

　電子回路からみた整合は、伝送路の損失を抑えて効率的にエネルギを負荷に伝えることになる。整合が取れない場合の弊害については後段で述べる。**写真1.2.1** は艀(はしけ)テンダーボートの様子である。大型船から小舟に乗り移るために浮桟橋が設けられている。艀は波に揉まれて揺れるが、大型船は安定している。浮桟橋は整合回路と見立ててもいいかもしれない。揺れを緩衝して人の乗り移りをスムーズにしてくれている。

1.2.2 整合の意味を考える

　回路と回路の接続を行う場合、またはアンテナと空間を結合する場合に信号

写真 1.2.1　艀と浮桟橋は整合回路？

のエネルギが連続して伝送できるように考慮する必要がある。送信機からのエネルギが減衰せずに、すべてが空間に放射されることを「整合が取れている」という。整合が取れていないとエネルギが反射したり、伝送路を内で特性劣化したり伝送線を破壊することもある。

1.2.3 整合回路

(1) 複素数の計算から整合素子を決定

図 1.2.1 の L 型整合回路の全体のインピーダンスを計算し、入力の整合条件を決定する。図 1.2.1 の L 型整合回路のインピーダンス Z は以下のように計算できる。

$$Z = jX_l + \frac{-jR_l \cdot X_c}{R_l - jX_c} \tag{1.2.1}$$

$$= jX_l + \frac{-jR_l \cdot X_c(R_l + jX_c)}{(R_l - jX_c)(R_l + jX_c)} \tag{1.2.2}$$

求める整合条件は、

$$R = \frac{R_l \cdot X_c^2}{R_l^2 + X_c^2} \tag{1.2.3}$$

$$R \cdot (R_l^2 + X_c^2) = R_l \cdot X_c^2 \tag{1.2.4}$$

$$X_c^2 = \frac{R \cdot R_l^2}{R_l - R} \tag{1.2.5}$$

$$X_c = \sqrt{\frac{R \cdot R_l^2}{R_l - R}} \tag{1.2.6}$$

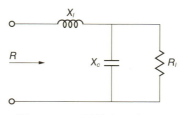

図 1.2.1　L 型整合回路の例

したがって、X_l は、

$$X_l = \frac{R_l^2 \cdot X_c}{R_l^2 + X_c^2} \tag{1.2.7}$$

$$= \frac{R_l^2 \sqrt{\dfrac{R \cdot R_l^2}{R_l - R}}}{R_l^2 + \sqrt{\dfrac{R \cdot R_l^2}{R_l - R}}} \tag{1.2.8}$$

以上が、各整合素子の X_c と、X_l を求める基本的な方法である。

1.2.4　S を用いた整合方法

　整合回路の設計方法としては、島山鶴雄氏の S を使った方法がある。図 1.2.1 の L 型整合回路の設計例を説明する。並列同調回路において、X/R を S として計算するが、S は以下のようにも表現できる。

　回路の無効電力は、インダクタンスやキャパシタンスで扱う電力として、$kVA = I_l^2 X_l = I_c^2 X_c$ である。また、消費される電力は、$kW = I_l^2 R$ であるから、S は、

$$S = \frac{kVA}{KW} = \frac{無効電力}{有効電力} \tag{1.2.9}$$

と考えることができる。

　これで回路に蓄積されるエネルギと、高周波の 1 サイクル中に消費される電力は、$S/2\pi$ となるから、S は回路のフライホール効果を表すことになる。図 1.2.1 で、S を次のように表現すると、

$$S = \frac{R_1}{X_c} \tag{1.2.10}$$

$$R = \frac{R_1}{1 + S^2} \tag{1.2.11}$$

$$X_l = R \cdot S \tag{1.2.12}$$

負荷抵抗が R_l、整合回路の入力抵抗（インピーダンス）を R として、S を用

いて計算することができる。計算されるリアクタンスは、周波数の関数であるから最終的には、インダクタンスやキャパシタンスの値に戻す必要がある。この解説では、$R<R_l$ の条件で計算した。$R>R_l$ の条件となると、コンデンサの設置位置は、抵抗値の高い側に接続することになるから、整合回路の入力側に取り付ける。実際の整合調整は、経験的に図 1.2.1 のようにコンデンサが負荷側にあった方が楽である。最近は、T 型整合回路を利用して整合の調整範囲を拡張することで作業性は良くなった。T 型整合、π 型整合については後述する。

1.2.5 ベクトル整合手法

　ベクトル整合手法は筆者が、30 数年前に考案した方法である。この手法を見つけたのは、川口ラジオ放送所に勤務していた頃である。当時、支線を利用した予備アンテナの整合を取る必要があった。アンテナの基部インピーダンスが非常に低く、実数部は数オーム、虚数部が $-j$ の数百オームであった。当時、周波数が 590kHz であったため、コンデンサ負荷に給電するようなものであった。夜間、インピーダンスブリッジでアンテナ定数を測定し、整合回路を調整するのであるが、なかなか整合過程の道筋が見えない。測定結果を使って素子を調整するが思うようにいかない。その時、必要に迫られたのが、整合過程のインピーダンス軌跡をビジュアルに知る方法だった。計算尺や電卓を用いても調整の連続した状態が見えない。数日間、悩んで円線図を用いることを思いついた。図 1.2.1 のような Rl から R への変換過程を円線図を用いてインピーダンスをダイナミックに表現して整合解析を進める方法を後段で議論したい。

1.3 整合しない場合の弊害

1.3.1 アンテナとの整合とは

　アンテナと整合という切り口で、アンテナの広帯域整合を少し考えてみる。アンテナの等価回路も L、C、R の合成回路であり、周波数に対する応答もいろいろである。筆者も多くのアンテナでの運用を経験しているが、大電力送信所の線条（ワイヤー）アンテナの運用では気象の影響を受けた経験もある。また、小型アンテナを折り返して使用するタイプでは、降雪、風、塩害など気象の影響を受けることがあった。さらに、最近では使用されなくなったが、アンテナ高の低い T 型などでは、周波数によっては十分な基部インピーダンスが得られないのと、帯域内の VSWR が極端に悪い場合があった。今回は、中波アンテナについて少し考えてみる。

1.3.2 アンテナ特性とインピーダンスの変化

　中波大電力の送信所で仕事を始めた時の経験である。夜間勤務で雪が降ってきた時に先輩が時々送信機フィーダの反射計を監視に行った。なぜかと思い一緒について行って反射計を見ると、少しずつ反射量が増えてきていた。これは大変なことだなと思った。当時のアンテナは 2 基の鉄塔間に太いワイヤーを張り渡し、その中間点から碍子経由でワイヤーを吊り下げる垂直の線条アンテナ方式であった。線条は 290m 位の高さがあったのではと記憶している。

　降雪でアンテナ系のインピーダンスが変化しているようであるが、その時は不思議でならなかった。この時の対応策は、送信機の出力を、電源の IVR（誘導型の電圧調整機）を使って高電圧変圧器の入力電圧を低下させた。それと変調度を少し下げて過変調を避けていたのを思い出す。反射検出器にも感度切り

替えが付いていた。細かなノウハウもいくつかあったように思う。真空管増幅器の動作特性を知ると理解できるのだが、当時、これを管理するのが緊張感もあって面白かった。

同じ降雪時でも、別の局所のトラス柱を使ったアンテナではこのような面倒な対応はしなかった。中波アンテナに興味を持ったのはこのような経験をしたからからもしれない。クラウス氏の「空中線」上下巻（谷村功訳、近代科学社）を購入したのもこの時期であった。

1.3.3 中波アンテナの帯域内特性

アンテナの基部インピーダンスを使用周波数の±10kHzで測定すると帯域内VSWRが略把握できる。線条アンテナや折り返しアンテナ、およびアンテナ高の低いもので使用周波数が低い場合には帯域内VSWRの変化が大きな値となる。すなわち、帯域内VSWRが悪い。大電力の送信所のようにアンテナ高と使用周波数が適当な関係、$\lambda/2$付近であれば、基部インピーダンスも高く扱いやすい値である。アンテナの特性インピーダンスはアンテナ高Hとアンテナの径dの関数であるが、この値H/dが大きいほどアンテナのQが大きくなる。中波に比べてテレビやFMのアンテナは一般的にQが低く、広帯域整合や多波共用が比較的楽である。図1.3.1に中波アンテナの基部インピーダンス特性の一例を示す。また、直列共振と並列共振のリアクタンス変化についても示した。基部絶縁型の中波アンテナの基部インピーダンスを周波数の低い方から高い方に変化させて測定すると渦巻き状の特性が得られる。jパートが零となるポイントは、直列共振と並列共振であるが、それぞれを繰り返しながら段々と中心に収束していく。中心は何であるかは読者で考えてほしい。実測では渦巻きの形がひずんだり、バイアスがかかったように上方にシフトして観測されることがある。アンテナの線条の径が細いと大きな渦巻きとなり、径が比較的太い円管柱やトラス柱では渦巻きの広がりは小さい。

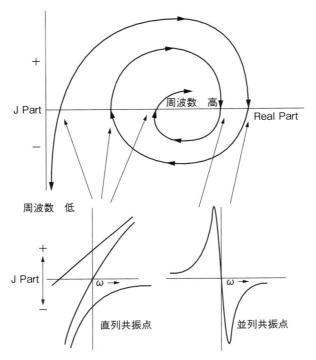

図 1.3.1　中波アンテナ基部インピーダンスと共振点のイメージ

1.3.4 整合回路とS

　Sを小さく設計すると、リアルパートに消費されるエネルギとリアクタンスに蓄えられるエネルギを比較したときに、リアクタンスに蓄えられる量は低減する。極端な場合、リアルパートだけで構成した回路であればエネルギの蓄積を考えることはないから広帯域となる。これでは減衰器となってしまう。**図 1.3.2** は、入出力のインピーダンスを定めて整合を行う時、Sの選択の違いを表現したものである。このベクトルのようにSは自由に設定できる。この図は整合周波数をポイントで表現しているので広帯域、狭帯域を論ずるのは難しいが、入力インピーダンスを角周波数 ω で微分した値の小さい方が帯域内の

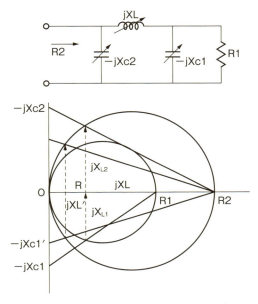

図 1.3.2　π型整合における S の選定

VSWR の劣化は少ない。

$$S_2 = \frac{R_2}{X_{C2}} \tag{1.3.1}$$

$$R = \frac{R_2}{1+S_2^2} \tag{1.3.2}$$

$$X_{L2} = RS_2 \tag{1.3.3}$$

$$S_1 = \sqrt{\frac{R_1}{R} - 1} \tag{1.3.4}$$

$$X_{C1} = \frac{R_1}{S_1} \tag{1.3.5}$$

$$X_{L1} = RS_1 \tag{1.3.6}$$

位相を計算すると、

$$\phi_2 = \tan^{-1} S_2 \tag{1.3.7}$$

$$\phi_1 = \tan^{-1} S_1 \tag{1.3.8}$$
$$\phi = \phi_1 + \phi_2 \tag{1.3.9}$$

で表現される。合成位相量 ϕ は式（1.3.9）で与えられる。後述するが回路を多段に接続してインピーダンスを徐々に目的値に近づける方法がある。その場合の合成位相量は大きな値になるが、整合回路の広帯域化が図れる。インピーダンスの補正回路などをつくるため、整合回路に、使用周波数の近接した共振特性素子を多数使用すると素子の KVA が非常に大きくなる。そのため回路の損失も増加することになり、温度上昇による帯域特性劣化と安定度確保には注意しなければならない。

1.4 伝送線路と整合

1.4.1 伝送線路の基本的な考え方

図 1.4.1 は電源側のインピーダンスを Zs として負荷側のそれを Zr とした場合の回路である。負荷に消費される電力は式 1.4.1 で表現できる。最も一般的な基本的な式である。

$$P = \frac{|V|^2}{2} \cdot \frac{R_R}{|Z_S + Z_R|^2} = \frac{|V|^2}{2} \cdot \frac{R_R}{(R_S + R_R)^2 + (X_S + X_R)^2} \tag{1.4.1}$$

整合とは各インピーダンスの実数部が等しく、虚数部は±でキャンセルされることが必要になる。インピーダンスの共役値が整合条件である。

$$\left.\begin{array}{l} R_R = R_S \\ X_R = -X_S \end{array}\right\} \tag{1.4.2}$$

このように考えると、電源側の実数部にも同様の電力が消費されることになるから、電力損失は莫大なものになってしまう。教科書的にはこの説明で納得するが、実回路では効率が低下してしまい話にならない。最近の固体化増幅などでは効率が 90 % を超えるものもある。それでは整合と効率をどのように考えるのか。実際の増幅器の内部抵抗は、かなり低い値とならなければならない。増幅器の効率は、実際に与えた直流電力に対してどれだけの交流信号レベルが得られるかである。整合条件を満たさなくても最大電力が得られることが目的

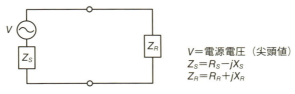

図 1.4.1　伝送路の整合

となる場合もある。高周波の増幅器を設計調整する場合には、負荷インピーダンス、所要電力、効率に着目する。負荷インピーダンスは電力増幅器を設計する場合に電源電圧の設定、ドライブ電圧の設定によっては、回路動作をA級、B級、C級として動作させるのか、または飽和増幅器としてのD級、E級、特殊なケースとしてF級にするかで異なる。B級からは入力信号に対しての出力電流は半サイクルより狭くなるからこのパルス状の電流をフーリエ級数に展開して、基本波によるインピーダンス、直流によるインピーダンス、更には高調波のインピーダンスを求めることができる。実際の回路で用いるのは基本波であるから、負荷インピーダンスは基本波で決定する。

それでは、パルス状の負荷電流から基本波を取り出す方法はどのようにしているのか。簡単な回路としては負荷に共振回路をつなぐことである。この回路のフライホール効果で正弦波振動が再生される。したがってこのような回路は入力信号と出力信号はリニアの関係であるが、微視的な回路動作ではノンリニアな部分も理解する必要がある。

増幅デバイスに対して、あえて高調波成分を重畳させて電源利用率を向上させる増幅方式がある。テーラー増幅器は3倍の高調波、5倍の高調波を重畳して負荷電圧が矩形波に近い形で動作させる。増幅動作時には疑似矩形波増幅として、負荷側で基本波成分を取り出せば目的の増幅を高能率で実現できる。

送信機の場合、アンテナの基部インピーダンスを整合回路でフィーダーの特性インピーダンスとして伝送する。送信機負荷インピーダンスは、真空管増幅器の場合、数百Ω、固体化PAでは数十Ωになるから、整合回路で増幅器の負荷インピーダンスと整合をとる必要がある。整合回路は分布定数回路や集中定数回路で構成される。LやCで構成されるから基本的には電力損失は少ない。

1.4.2 負荷側と電源側の反射係数を考える

伝送線路では、電源側の整合と負荷側の整合を考えることがしばしばある。電源の反射係数 $\varGamma s$ と負荷の反射係数 $\varGamma r$ が出てくる。結果だけであるが以下のような式を用いることがある。図1.4.2は負荷 Zr を電源に直列に接続した。

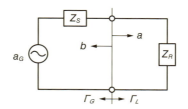

図 1.4.2　伝送路の反射係数と電力輸送

負荷への入射波 a は式（1.4.3）で与えられる。

$$a = \frac{1}{1-\Gamma_G \Gamma_L} a_G \tag{1.4.3}$$

電源の出力電力を P_G とすると、負荷への入射波電力は式（1.4.4）となる。

$$P_i = |a|^2 = \frac{1}{|1-\Gamma_G \Gamma_L|^2} p_G \tag{1.4.4}$$

電源側の反射係数が 0 でも、負荷側の反射係数が 0 でも Pi＝P_G となる。整合を取る場合に電源の電力を負荷に伝送するには片方の反射係数を 0 にすればよいともいえる。

　電源の内部インピーダンスは増幅デバイスの動作でダイナミックに変化するから、特定するのが難しい。整合を取るのが負荷側と伝送路に着目した方が実践的でもある理由である。したがって電源側との整合を調整することは少ない。負荷との不整合で反射波が電源に戻って、また電源との不整合でその反射波が負荷に戻ることは当然考えられる。最終的に振動を繰返してある値に落ち着く。しかし、伝送路の中はマルチパスの嵐、伝送波形に多くのひずみを発生する結果となる。

1.5 伝送情報の無ひずみ伝送

1.5.1 伝送路の VSWR の改善

伝送路で VSWR が劣化すると、進行波電圧と負荷で反射された反射電圧が伝送路内を往復することになる。結果としての VSWR がそれらの進行波電圧の合成値と反射電圧の合成値との比で反射係数 Γ が決定される。Γ が決まれば VSWR も算出される。

図 1.5.1 は不整合負荷において、伝送路の途中に減衰器アッテネータを挿入して VSWR の改善を行う手法である。ここでイメージする不整合負荷とは受信アンテナと伝送路の不整合である。減衰器を挿入することで信号エネルギは減少する。したがってその損失を考慮するだけの受信アンテナ出力電圧を獲得しておく必要がある。

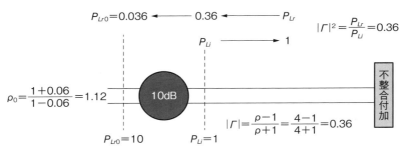

図 1.5.1 減衰器による VSWR の改善

図 1.5.1 は負荷の VSWR が 4 に対して 10dB の減衰器を挿入することで改善後の VSWR を 1.12 にすることが出来る。マンションや共聴受信設備を設ける建物ではこのような改善を設けることがある。したがって信号電圧の低下を補う目的でブースタ増幅器なども設置される。

VSWR の改善といっても送信系ではやはり負荷端と送信機とは整合を取ることになる。減衰器を入れて電力損失を招くことはしない。

1.5.2 図表を用いた VSWR の改善効果の検証

図 1.5.2 は、負荷端の VSWR：ρ_L に減衰器を選んだ時に、図 1.5.2 の中のクロス点を下方に延長した値が入力定在波比 ρ として読み取ることができる。

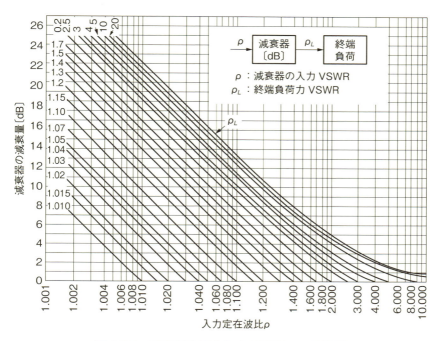

図 1.5.2　減衰器を挿入した VSWR：ρ の改善

1.6 伝送線路の耐電圧、耐電力

1.6.1 耐雷サージと整合回路の保護方式

$\lambda/4$ 回路を、アンテナ負荷などの VSWR が変化したときの PA へのリアクション抑圧として使用する方法を解説する。VSWR はスカラ量で表わされるが、実際の負荷インピーダンスによっては無数の値を取り得る。

代表的な例として、伝送路の特性インピーダンスが 50Ω のとき、VSWR を 2 としたときの負荷インピーダンスは 100Ω でも、25Ω のときでも成立する。その途中は R±jX の値を取ることになる。PA とアンテナ系を含む伝送路との間には、いくつかの整合回路などがあるが、それらを考慮して辿り着く PA への負荷インピーダンスがミスマッチングのときに、PA に過電流が流れなければ、PA へのダメージは比較的少ない。そのような負荷インピーダンス変化への導き方がある。

そのために、図 1.6.1 に示す伝送路の途中に $\lambda/4$ 回路を挿入して PA の負荷のインピーダンスが最適な値となるようにする。ただし、現状の回路が過電流

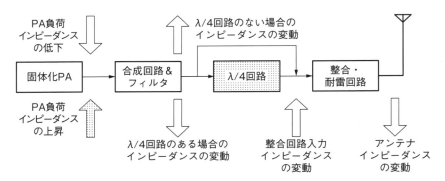

図 1.6.1　$\lambda/4$ 回路を用いて固体化 PA の過電流の抑圧

を流さないインピーダンス傾向にあれば λ/4 回路の挿入は不要である。負荷の変動が降雪や塩害などのよる変化であれば予測は可能である。降雪時に PA のドレイン電流が低下する傾向（負荷インピーダンスの増加）であれば、インピーダンスは不整合のままでも乗り切れることがある。また、雷放電による BG での短絡箇所が固定されていれば、これも対策が取りやすい。

1.6.2 放電箇所と BG 設置位置の選定

大電力のデジタル中波送信機の保護を目的として調査をしたことがある。放電箇所をボールギャップの選定（BG の設置位置検討）する目的で各部の BG のショート時における送信機の BPF から見たインピーダンスを測定した。次に、実際に送信機を動作させて強制的に BG 部のショートを行い、このとき固体化 PA ユニットに発生するトランジェント電圧・電流を測定した。

実験は、図 1.6.2 に示すようにアンテナ基部 BG および、整合回路入力側の A ポイントと B ポイントを強制的にショートし、BPF から見たインピーダンスを測定した。

アンテナ基部および整合回路内の A ポイントと B ポイントをショートしたときの、固体化 PA の FET ドレイン電流と電圧の測定結果を図 1.6.3、図 1.6.4、および図 1.6.5 に示す。3 つの図とも、上段はサージプロテクタ：SP の動作状況（SP 動作点とゲート電圧）、中段はドレイン電流（5A/div）、下段はドレイン電圧（100V/div）を示す。

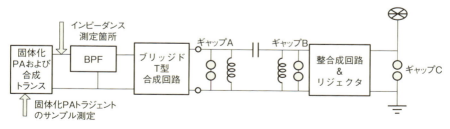

図 1.6.2 アンテナ基部、整合回路の放電短絡と PA トランジェント観測

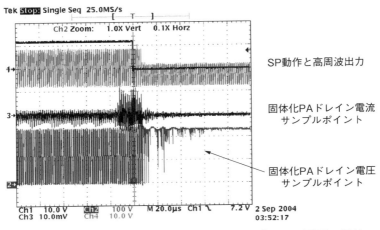

図 1.6.3　アンテナ基部短絡時の PA トランジェント電圧・電流

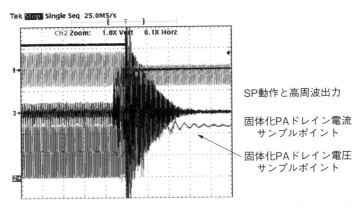

図 1.6.4　整合部 A 点の短絡時の PA トランジェント電圧・電流

　アンテナ基部 BG ショート時のトランジェントの測定結果からドレイン電流に若干の跳ね上がりがあるが、特に大きな問題はない。この実験は、送信機の状態をフルパワーモードや減力モードに選択し、また変調の有無での違いなども考慮して観測した。デジタル送信機であるから、動作 PA と休止 PA によってもトランジェントの発生状況は異なるからである。これらの調査実験のた

第1章　整合の基本

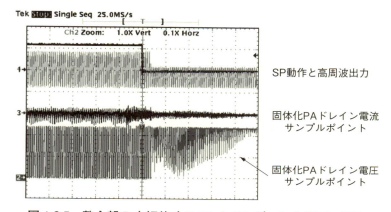

図1.6.5　整合部B点短絡時のPAトランジェント電圧・電流

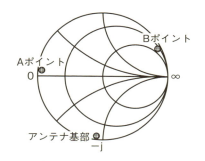

図1.6.6　各部ショート時のインピーダンス

めには、固体化PAを破壊することが無いように入念な事前検討が必要である。

各短絡条件に対するインピーダンスを正規化し、スミスチャート上にプロットした結果を**図1.6.6**に示す。

送信設備の伝送路の負荷インピーダンスが急変して固体化PAを破壊に導くケースも散見される。雷などのサージが直接、増幅器などのアクティブデバイスに侵入することもあるが、自己の送信出力で負荷インピーダンスが低減してPAの電流を増加させることがある。伝送路の途中に$\lambda/4$回路などを入れて対策する方法が考えられる。

1.7 電源と整合エネルギの効率

1.7.1 伝送線路の特性インピーダンス

伝送線路の特性インピーダンス Z_0 は単位長あたりのインダクタンス、キャパシタンスが分かれば、以下の式で計算できる。

$$Z_0 = \sqrt{\frac{L}{C}} \ [\Omega] \tag{1.7.1}$$

Z_0 は、線路の機械的寸法とそれぞれのインダクタンスとキャパシタンスによって決定される。

○平行2線（**図 1.7.1**（a））

$$\left.\begin{array}{l} L \fallingdotseq \dfrac{\mu}{\pi} \ln \dfrac{2D}{d} \quad [\text{H/m}] \\[6pt] C = \dfrac{\pi \omega}{\ln \dfrac{2D}{d}} \quad [\text{F/m}] \end{array}\right\} \tag{1.7.2}$$

μ：透磁率

ε：誘電率

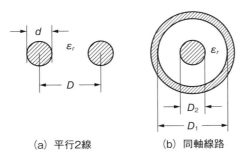

(a) 平行2線　　(b) 同軸線路

図 1.7.1　給電線路の構造

○同軸線路(図 1.7.1 (b))

$$\left. \begin{array}{l} L \fallingdotseq \dfrac{\mu}{2\pi} \ln \dfrac{D_1}{D_2} \quad [\mathrm{H/m}] \\ C = \dfrac{2\pi\varepsilon}{\ln \dfrac{D_1}{D_2}} \quad [\mathrm{F/m}] \end{array} \right\} \quad (1.7.3)$$

1.7.2 伝送線路の短縮率

誘電体は同軸線路の内の内導体と外導体との絶縁に用いている。材質によって波長短縮率は表 1.7.1 のように示される。

写真 1.7.1 は大型の CX–152D ケーブルの断面である。

小規模な同軸線路は、ポリエチレンを充填して線路内を間欠的にテフロンなどで絶縁する方法がある。

表 1.7.1　誘電体材料と波長短縮率

名　称	誘電体材質	特性インピーダンス	波長短縮率
平行2線(リボン線)	ポリエチレン	300 [Ω]	82 %
充実形同軸ケーブル	ポリエチレン 発泡ポリスチロール テフロン	50, 70 [Ω] 75 [Ω] 50 [Ω]	67 % 98 % 63 %
マイクロストリップライン	テフロン セラミックス アルミナ	50, 75 [Ω]	63 % 46 % 32 %

写真 1.7.1　同軸線路の構造

図 1.7.2 は同軸線路の D/d をパラメータとしたときの特性インピーダンス、減衰定数、電力容量、およびピーク電圧を示した。特に減衰定数と減衰量の最小値は次のように考えることができる（図 1.7.3）。

$$\alpha = \frac{R}{2}\sqrt{\frac{C}{L}} + \frac{G}{2}\sqrt{\frac{L}{C}} \tag{1.7.4}$$

$$\alpha = \frac{R}{2Z} + \frac{GZ}{2} \tag{1.7.5}$$

ただし、$Z = \sqrt{\dfrac{L}{C}}$

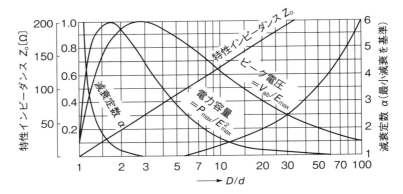

図 1.7.2　同軸線路の寸法と各種特性

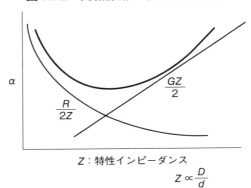

図 1.7.3　特性インピーダンスと減衰定数 α

図 1.7.4 は VSWR と不整合損失、電力伝送効率を示したものである。図 1.7.5 は電源の内部抵抗と負荷抵抗との整合の条件で整合時の負荷電力比は 25 %、効率は 50 % であることを示した。

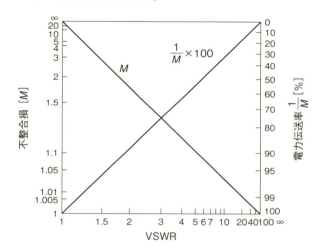

図 1.7.4　VSWR と不整合損、電力伝送効率

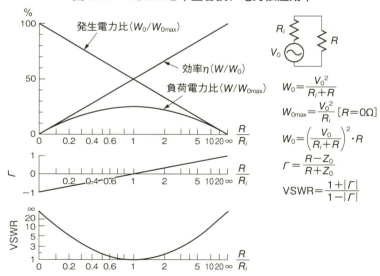

図 1.7.5　電源内部抵抗と負荷抵抗による負荷電力

1.8 平衡、不平衡回路との整合

1.8.1 平衡線路、不平衡線路

図 1.8.1 はレッヘル線路のような平衡形線路（a）と同軸線路のような不平衡線路を示した。非接地のダイポールアンテナから直接フィーダで受信機まで信号を導くには平衡線路が有利である。テレビ放送の初めのころの八木アンテナは、フォールデットダイポールが用いられており、アンテナの入力インピーダンスが 300Ω と高く、平衡形フィーダの特性インピーダンスも 300Ω であった。その後 UHF 帯では 200Ω のフィーダも用いられていた。

1.8.2 平衡、不平衡変換

図 1.8.2 は、平衡、不平衡線を接続したものである。平衡線路の 2 本のうちの 1 本と同軸線路の内導体を接続した場合、平衡線路のもう 1 本と同軸線路のアース側とを接続した場合に、平衡線路の往復線路間の電流値が異なることになる。平衡線路の平衡は崩れるために線路から伝送信号が外部に放射されたり、逆に外部の妨害波を受信したりすることになる。このような回路接続をす

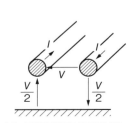
(a) 平衡形線路（平行2線）

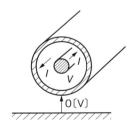
(b) 不平衡形線路（同軸ケーブル）

図 1.8.1　平衡、不平衡線路

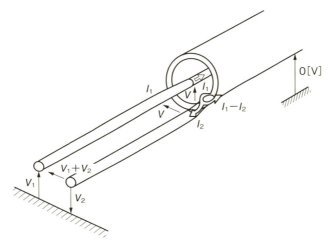

図 1.8.2　平衡、不平衡の線路の接続

る場合には、$\lambda/4$ 回路を用いたシュペルトップを挿入するか平衡、不平衡変換回路（バラン）を利用する。

1.8.3　外套管（シュペルトップ）を用いた線路の接続

　図 1.8.3 は不平衡、平衡線路の接続において同軸の外導体に $\lambda/4$ のシュペルトップを被せて同軸の外導体の一端を終端する。平衡線路から流れてきた電流は同軸の外導体の外側には流れない。$\lambda/4$ 回路の終端線路の入力インピーダンスは∞に見えるためである。

1.8.4　ダイポールアンテナと同軸線路の接続

　図 1.8.4 はダイポールアンテナの接続方法を示した。可動短絡板は使用周波数で $\lambda/4$ になる様に調整を行う。(b)に示すように使用周波数が限定されるため広帯域での調整は難しい。
　図 1.8.5 に示すようにダイポールアンテナ（平衡線路）は、内導体と外導体

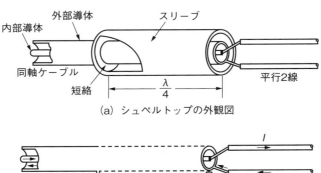

(a) シュペルトップの外観図

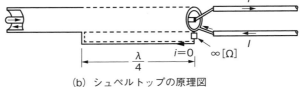

(b) シュペルトップの原理図

図 1.8.3　シュペルトップの挿入

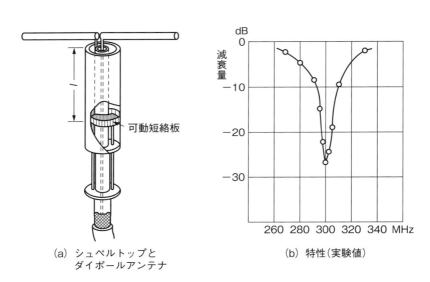

(a) シュペルトップと
　　ダイポールアンテナ

(b) 特性（実験値）

図 1.8.4　シュペルトップとダイポールアンテナの接続

第 1 章　整合の基本

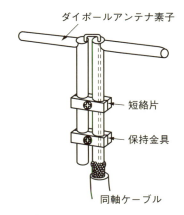

図 1.8.5　ダイポールアンテナの短絡片と調整

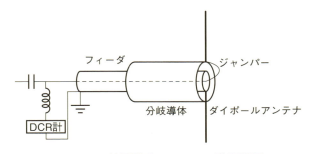

図 1.8.6　給電線路の DCR の監視装置

が直流的には短絡されているから耐雷的には有利である。また**図 1.8.6** はアンテナの給電系に直流電流を流して伝送線路の VSWR 以外に DCR を継続測定することで接続部の劣化を監視して設備の予防保全に活用される。

1.9 アンテナは不整合線路

1.9.1 λ/2 ダイポールアンテナの電流分布

アンテナには λ/2 や λ/4 の長さのダイポールアンテナがある。線路上に電流の腹と節があり定在波が乗っていると考えることができる。

アンテナの長さが λ/2 の電流分布は図 1.9.1 のように表せる。電流の腹の部分で放射インピーダンスを決定するが、約 74＋j42（Ω）の値を取る。

1.9.2 λ/2 アンテナの放射電力の計算

非接地空中線（λ/2 ダイポール）の放射電力を計算すると以下のようになる。

$$E = \frac{60I}{r} \cdot \frac{\cos\left(\dfrac{\pi}{2}\cos\theta\right)}{\sin\theta}$$

$$W = \frac{E^2}{120\pi}$$

$$= \frac{1}{120\pi}\left(\frac{60I}{r}\right)^2 \frac{\cos^2\left(\dfrac{\pi}{2}\cos\theta\right)}{\sin^2\theta}$$

$$dA = 2\pi r \sin\theta r d\theta$$

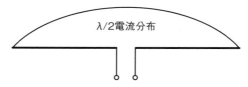

図 1.9.1　半波長ダイポールアンテナの電流分布

$$W \times dA = \frac{1}{120\pi}\left(\frac{60I}{r}\right)^2 \frac{\cos^2\left(\frac{\pi}{2}\cos\theta\right)}{\sin^2\theta} \cdot 2\pi r \sin\theta r d\theta$$

$$= 60I^2 \frac{\cos^2\left(\frac{\pi}{2}\cos\theta\right)}{\sin\theta} \cdot d\theta$$

全球面を通過する全電力は以下のとおり。

$$P = 60I^2 \int_0^\pi \frac{\cos^2\left(\frac{\pi}{2}\cos\theta\right)}{\sin\theta} \cdot d\theta$$

$P \approx 73.13 \cdot I^2$

図1.9.2 は自由空間の固有インピーダンスとアンテナ線路、そのアンテナの入力インピーダンスを描いたものである。電流分布の腹におけるアンテナの入力インピーダンスは放射インピーダンスに近い。構造物、金属の抵抗、リアクタンスが付加されて入力インピーダンスが測定される。アンテナの放射インピーダンスを直接測ることは出来ない。

入力インピーダンスの実数部である入力抵抗は R は入力電力を決定して、放射抵抗 Rr は放射電力に損失抵抗 Rℓ は損失電力を決定する。

R＝Rr＋Rℓ

損失がなければ、入力抵抗は放射抵抗に等しくなる。

インピーダンスの虚数部であるリアクタンスは、アンテナを含む全空間に蓄えられる磁気エネルギと電気エネルギに対応しており、放射リアクタンス Xr

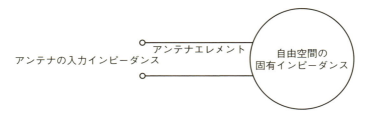

図1.9.2　アンテナの入力インピーダンスと自由空間インピーダンス

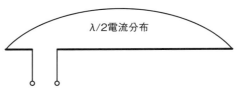

図 1.9.3 λ/2 のアンテナの給電点の違い

と内部リアクタンス Xa の和として表すことができる。

 X＝Xr＋Xa

　図 1.9.3 のように同じ λ/2 の長さを持つアンテナでも給電点が異なれば、アンテナの入力インピーダンスは違う。λ/2 の垂直モノポールアンテナでは電流の節に近い部分からの給電となりインピーダンスは比較的高い。さらにアース電流も低下するからアースの施工が簡便になる。

1.9.3 線条アンテナのインピーダンス軌跡

　線条アンテナの線の直径を a、長さを ℓ とすると Ω は、

$$\Omega = 2\ln\frac{2l}{a}$$

で与えられる。この関係を**図 1.9.4** に示す。
図 1.9.5 は Ω が 9.6 と 16.6 の場合の周波数に対するインピーダンス軌跡である。

　Ω が小さいアンテナとは太いアンテナ、Ω が大きいときには細いアンテナと考えるとイメージが湧きやすい。周波数に対するインピーダンスの変化量を測ればアンテナの Q もしくは帯域特性を類推できる。広帯域アンテナを実現するとなると構造的には太くなる。

1.9.4 広帯域アンテナ

　λ/2 アンテナなどはアンテナ線路にスタンディングが起っている。広帯域アンテナを実現するにはスタンディングが極端に発生しないものを作ればいい。

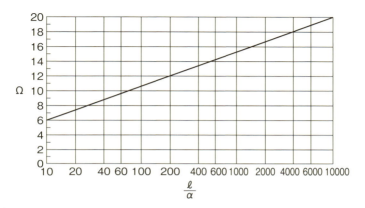

図 1.9.4　線条アンテナのパラメータ

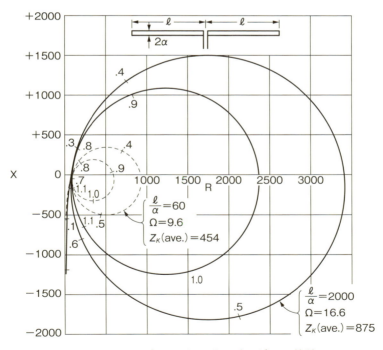

図 1.9.5　Ωの違いによるインピーダンス軌跡

ただし広帯域性を採ることでアンテナの利得は低くなることは否めない。VHF、UHF 帯で用いているスーパーターンアンテナなどはダイポールアンテナの広帯域性を狙った素子であるともいえる。広帯域化のためにアンテナの放射インピーダンスを極力リアルパートに近づける方法、進行波アンテナなども採用される。進行波アンテナとして周波数の低い領域で用いるロンビックアンテナなどがある。

第2章

電子回路設計と整合

2.1 音声増幅器とスピーカのダンピング

2.1.1 増幅器の負荷インピーダンスとダンピング

オーディオを例に話を進める。スピーカに信号を印加しておき、それを取り除いてもただちに元の状態に戻らず、信号をしながら減衰の過程をたどる。スピーカという機械系の部分における過度現象に制動をかけるのがダンピング・ファクタ（Damping Factor：DF）である。とくにスピーカを駆動する真空管増幅器、半導体増幅器などでは出力インピーダンスが異なり音質に与える影響が大きい。

ダンピング・ファクタを考えるためにスピーカのインピーダンス特性を図2.1.1 に示した。公称インピーダンス値は 400Hz の点でボイスコイルの直流抵抗値 Rv になっている。それより高い周波数のインピーダンスはインダクティブなので、周波数とともに増加する。低周波域では fo 点にピークを持っている。機械系のモーショナル・インピーダンスによる共振特性を示す。

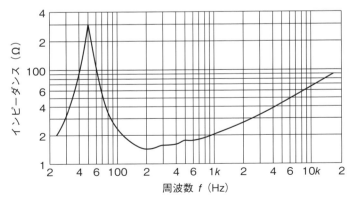

図 2.1.1　スピーカの周波数インピーダンス特性

この fo を抵抗値とする。したがってコイルの両端に接続される増幅器の内部抵抗によって Q の大きさが変わりダンピングの状況も変わってくる。
まずスピーカ端子が開放時の Q を Qm とすると、次のようになる。

$$Q_m = 2\pi f_0 M / r_m \tag{2.1.1}$$

f_0：スピーカの低音共振周波数
M：振動系の質量および空気の放射質量
r_m：ダンパやエッジなどの機械抵抗

次にコイルをショートしたときの Q を Qe とすると、次のようになる。

$$Q_0 = 2\pi f_0 M / (r_m + B^2 l^2 / R_v) \tag{2.1.2}$$

B：磁束密度
l：ボイスコイルの線長
R_v：ボイスコイルの抵抗

実際の増幅器に繋いだときの増幅器の内部抵抗が Ro を持つ場合は次のようになる。

$$Q_e = \frac{2\pi f_0 M}{r_m + (Bl)^2/(R_v + R_0)} \tag{2.1.3}$$

DF は Rv/Ro で表せる。Ro が小さくなると DF は大きくなる。Ro＝0 になっても Qe＝Qo となり、けっして無限にダンピングが無限に良くなることはない。

$$Q_e = \frac{Q_m}{1 + \dfrac{DF}{1+DF} \times \dfrac{Q_m Q_0}{Q_0}} \tag{2.1.4}$$

Qm が 10 のスピーカにおいて DF と Qe の関係を 図 2.1.2 に示した。

DF が 10 を越えると Qe は Qo に近づいていく。これ以上小さくするためには磁束密度を大きくして、太くて長い線をコイルに使用することになる。DF＝10 のときの Rv が 8Ω の負荷のときに、増幅器の内部抵抗 Ro は 0.8 となる。

2.1.2 プッシュプルと SEPP の負荷インピーダンス

図 2.1.3 は OPT（output transformer）付き増幅器と SEPP（single ended

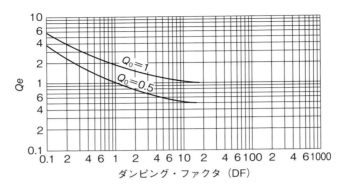

図2.1.2 Qm=10のときのQeとダンピング・ファクタ
出典：宮沢一道「ソリッドステート・アンプの基礎」ラジオ技術全書（1968）

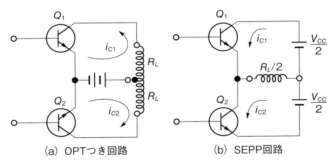

図2.1.3 増幅素子からみた負荷インピーダンス

push-pull）の増幅器を比較した。

　OPT付きのプッシュプル増幅器のQ1、Q2の両端からみた合成インピーダンスは2RLであるのに対して、SEPPではRL/4となる。SEPPでの負荷インピーダンスは非常に低くなり直接スピーカを駆動できる。

　増幅素子がトランジスタになり内部抵抗Roが低く、さらにSEPP増幅回路などでのスピーカのドライブが可能になり、DFは簡単に10くらい取れる。NFB（Negative Feed Back）などを安定にかけることができれば音質改善効果もさらに期待できる。

2.1.3 音声信号と標本化

音声のデジタル信号処理を簡単に考えてみたい。中波送信機の音声信号帯域は、50Hz から 10kHz 程度の伝送を考える。電波法で中波帯域は、9kHz セパレーションであり、隣接するチャンネルとの間隔は 4.5kHz であるから、この値で帯域制限する必要がある。中波放送の一例では、音声信号に $100\mu s$ のプリエンファシスがかけられており、高域の周波数特性を強調している。これは、受信機側での帯域制限（高域の低下）を配慮した送信側での高域周波数のブーストである。デジタル信号のサンプリング周波数は、伝送する周波数帯域の2倍以上が必要といわれている。中波送信機では送信周波数でサンプリングを行うことが一般的であるから、サンプリング定理[*1]を割ることはない。低域の周波数を制限するのは、変調器の音声入力に入れた HPF で行う。デジタル送信機の場合、原理的に直流伝送も可能であるから、これらはキャリアシフト特性も含めたフィードバック補償回路を別途考える必要がある。

音声増幅器の設計と調整には、音声の明瞭度の関係から、幾何平均周波数 f_M は、$f_M=\sqrt{f_L \times f_H}$ といわれている。明瞭度と周波数特性のイメージを図 2.1.4 に示すが、幾何平均値 f_M が 630〜700Hz くらいの値といわれている。

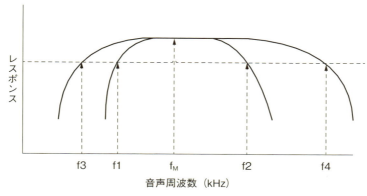

図 2.1.4　周波数特性と明瞭度の関係

$630 \sim 700 = \sqrt{f1 \cdot f2} = \sqrt{f3 \cdot f4}$ (Hz)。したがって、中波の音声帯域から高域周波数 f_H=5000（Hz）とすると、$700=\sqrt{f_L \times 5000}$ から、低域周波数 f_L は約100Hz となる。音声の高域を延ばせば、低域を下げる必要が出てくる。要するに伝送帯域は広がる。オーディオマニアは高域の増強のための出力トランスを省略する OTL（output transformer less）回路の採用や、低域特性の改善のために増幅器段間の結合コンデンサの大容量化や直結方式 OCL（output condenser less）にこだわったものがあった。周波数の高域を伸ばすと、標本化周波数を上げることになるのでデジタル処理では伝送レートが増加する。増幅器のドライブ信号のピークで電流が流れる増幅器クラスの採用では、伝送ひずみを抑えるために低インピーダンスの直結ドライバー回路が必要性である。
（＊1 サンプリング定理：理論的には、変調信号の最大周波数の2倍以上のサンプリング周波数が必要である。）

第 2 章　電子回路設計と整合

2.2 交流負荷と直流負荷のクリッピングひずみ

2.2.1 負荷インピーダンスによるひずみ

　高周波増幅器でも負荷インピーダンスは直流負荷、交流負荷を求める必要がある。図 2.2.1 は高周波復調回路の例である。AM 被変調波を並列共振回路でチューニングを行ってからダイオード検波器に導く。直流に対する負荷抵抗 Rdc は R1+R2 である。音声信号（交流信号）による負荷抵抗 Rac は、R1+(R2 // R3) である。ちなみに式で // としたのは並列合成値として表現した。
　常に Rac < Rdc である。
　復調器の動作特性を図 2.2.2 に示した。高周波の信号の包絡線が図中の AB が AM より大きくなると包絡線の負側がクリップされる。ひずみは変調度 m が大きいほど発生しやすい。この条件は以下の式で示すことができる。

$$m \leq \frac{R_{AC}}{R_{DC}} = \frac{R1+(R2 \mathbin{/\mkern-6mu/} R3)}{R1+R2} = \frac{R1R2+R2R3+R3R1}{(R1+R2)(R2+R3)} \qquad (2.2.1)$$

　これらの現象を避けるためにモニタ検波器では、直流負荷と交流負荷を一致させて音声出力のひずみをなくしている。

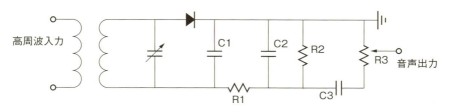

図 2.2.1　振幅被変調波の復調回路

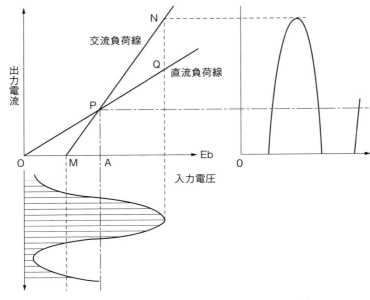

図 2.2.2　ネガティブピーククリッピングひずみ

2.2.2　直流負荷と交流負荷

　回路の動作の中で、直流信号の流れと交流信号の流れを想定した回路設計が重要である。図 2.2.1 では信号源側への直流の帰路は同調用のコイルが形成している。場合によっては入力がコンデンサ分割回路で、ダイオード検波した際に発生する直流の帰路が形成されないことがある。高周波信号ではインピーダンスが∞に見えるくらいのインダクタンスで帰路を形成しておく必要がある。

　増幅回路などでも、出力側は共振回路などで形成できるが、直流電源回路はチョークコイルなどを設ける必要がある。AM 変調回路の増幅素子の信号動作と負荷の関係を図 2.2.3 に示した。

第 2 章　電子回路設計と整合

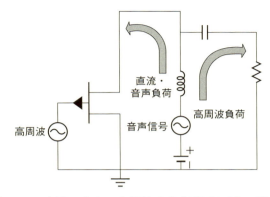

図 2.2.3　直流、音声、高周波の各負荷インピーダンス

2.3 アナログ／デジタル変換における整合

2.3.1 アナログ／デジタル変換

　デジタル送信機のビッグステップ PA の加算で、中波デジタル（処理型）送信機によるパワー加算をイメージしたい。ビッグステップだけで構成された出力合成波形では、厳密にはたくさんの高調波を持つものと考えられる。送信機の電力加算デジタル送信機におけるビックステップ PA と、バイナリーステップ PA との関係を考えてみたい。

2.3.2 デジタル送信機に要求される量子化数

　音声の量子化は、一般的に 12 ビットとか 16 ビットといわれており、映像のそれに比較して細かい値が求められている。音声の量子化と量子化ひずみとの間には、次式のような関係がいわれている。

　量子化ひずみ（雑音）の N_q は、

$$N_q = \frac{\Delta L^2}{12} = \left(\frac{\Delta L}{2\sqrt{3}}\right)^2 \tag{2.3.1}$$

ΔL は量子化の幅、信号の存在範囲を L、量子化の総レベル数を 2^B（2 進 B ビット符号化）とすれば、

$$\Delta L = \frac{L}{2^B} \tag{2.3.2}$$

一方、信号の実効振幅を σ、波高値（ピーク値/実効値）を p とすれば、

$$L = 2p \cdot \sigma \tag{2.3.3}$$

量子化後の信号対雑音比は、

$$S/N_q = 10\log_{10}\left[\frac{信号電力}{量子化ひずみ電力}\right] \quad (\text{dB}) \tag{2.3.4}$$

$$= 10\log_{10}\left[\frac{\sigma^2}{\Delta L^2/12}\right] = 10\log_{10}\left[\frac{\sigma^2}{(2p\sigma/2^B)^2/12}\right] \tag{2.3.5}$$

$$= 10\log\left[\frac{12}{4p^2}\cdot 2^{2B}\right] = 2B\cdot 10\log_{10}2 + 10\log_{10}\left(\frac{3}{p^2}\right) \tag{2.3.6}$$

$$= 6.02\cdot B + 4.77 - p \quad (\text{dB}) \tag{2.3.7}$$

音声信号の場合、波高値 p は約 12dB であるから、

$$S/N_q \approx 6\cdot B - 7.2 \quad (\text{dB}) \tag{2.3.8}$$

例えば、12 ビットで量子化すると等価的な信号対量子化雑音 S/N_q 比は、約 65dB となる。送信機の設計仕様における S/N 比は 60dB を目標としているから量子化雑音的には閾値を越えている。中波送信機における S/N 測定は変調度を 80 ％で測定するから C/N−2dB となる。ここでいう C/N とはすべての個体化 PA が動作したときの合成 C/N である。したがって、個々の固体化 PA が十分な C/N を持っていれば量子化雑音で規定される値以上の S/N が見込まれる。量子化雑音は動的な評価であり、通常測定する S/N とは異なる概念でもある。

100W の中波送信機では PA 数が 12 台〜24 台と非常に少ない、300kW の出力をもつ大電力の例ではトータルで 300 台以上の PA ユニットを有している例もある。さらに PA 内部にフルブリッジの小型 PA を数台持たせた回路構成を用いる場合が多い（図 2.3.1）。

映像のデジタル信号処理、音声デジタル信号処理については、詳しい読者も多いだろう。中波送信機の音声のデジタル処理については、与えられたビット数をビッグステップとバイナリーステップに割り当てることから始まる（図 2.3.2）。基本 PA の出力を 1 としたとき、バイナリーPA は、1/2、1/4、1/8、1/16、1/32…とする。例えば 1/32 まで考慮すれば、バイナリーに 5 ビット分を使用したことになる。残りのビットをビックステップに割り当てることになる。12 ビットで量子化した場合、ビッグステップに割り当てられるは 7 ビットとなる（図 2.3.3）。

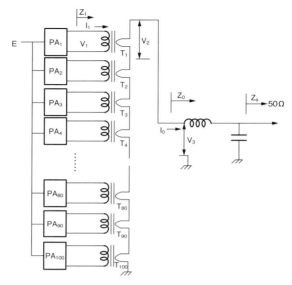

図 2.3.1　固体化 PA と負荷接続

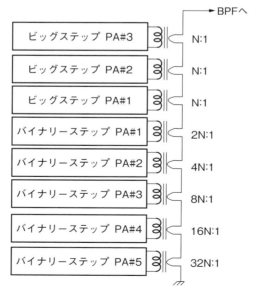

図 2.3.2　ビッグ、バイナリーPA の加算

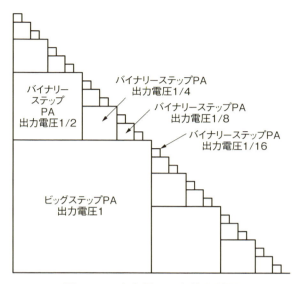

図 2.3.3　出力電圧の加算と補間

2.3.3　ビッグステップ PA とバイナリーステップ PA

　中波デジタル送信機の出力の合成については、第一回で合成電力を計算によって求めた。実際、このビッグステップだけでは、被変調波のエンベロープはギザギザになり、高調波成分を大量に含むことになる。そのため、バイナリーステップ PA を用いて小出力の電圧を生成し補間する必要がある。同一設計の固体化 PA を使用して、その出力電圧を低減させる方法は、出力トランスの巻数比を変える方法がとることが多い。

　トランスの変圧比を N として、1 次電圧を E_1 とし、2 次電圧を E_2 とすると、$E_2 = \dfrac{E_1}{N}$ で与えられる。バイナリーで、任意の電圧を生成するには、変圧器の巻数比を変えることで、電圧を低下させることができる。バイナリー電圧 E_B は、次のようになる。

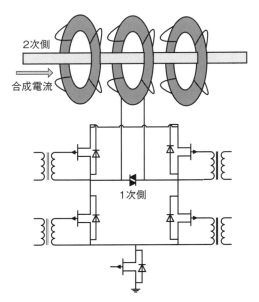

図 2.3.4　固体化 PA と出力合成トランス

$$E_b = \frac{E_1}{2^B \cdot N} \quad (B:1,2,3\cdots) \tag{2.3.9}$$

　実際、2 次電圧を低減させるために巻数を増やすのは大変な場合があるので、PA の動作電圧を低下させて出力電圧を低下させる方法も併用している。この場合、PA の印加電圧を下げたユニットの実装位置は明確にしておく必要がある。当然、出力変圧器の巻数比が異なる場合には、装置に使用する PA も限定される。

　図 2.3.4 は固体化増幅器との接続の様子である。他の PA が動作している場合には停止している PA 側のフェライトトランスの 1 次側、すなわちブリッジ増幅器の出力側は短絡される構造であり、トランスが存在しないように振る舞うことになる。

2.4 デジタル固体化増幅器の電力加算

2.4.1 高周波電圧加算と合成出力

図 2.4.1 は、高周波電圧を加算して、合成電力を得るための回路である。電源を 1 段、2 段、3 段と段階的に合成加算するイメージを示す。

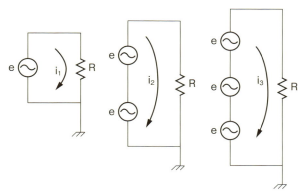

図 2.4.1　電圧加算と電力合成

負荷抵抗 R を一定としたとき、複数の電源に応じた合成電力 P_n は、式(1)で示すことができる。

$$Pn = \frac{(n \cdot e)^2}{R} = \frac{n^2 \cdot e^2}{R} \tag{2.4.1}$$

n：PA の合成台数
e：個別 PA の出力電圧（トランスの 1 次側換算）
R：PA の負荷インピーダンス（抵抗負荷とした）

例えば、50 台の PA 動作で無変調時出力とすれば、100 ％変調では、PA が 100 台動作すると考えられるから、100 ％変調時との比は、$\frac{100^2}{50^2}=4$ となる。すなわち、一般的にいわれる AM 波の 100 ％変調時の尖頭電力は 4 倍に増加する。この点は、中波送信機の耐圧計算等を考える上で大変重要な点である。

2.4.2 100 ％変調における平均電力の計算

　変調度 m に応じた PA の平均出力 P_m は、以下のように表現できる。

$$P_m = \frac{1}{2\pi}\int_0^{2\pi} \frac{1}{R}[(n \cdot e)+(n \cdot e \cdot m \cdot \sin \omega_p t)]^2 d\omega_p t \tag{2.4.2}$$

$$P_m = \frac{1}{2\pi}\int_0^{2\pi} \frac{(n \cdot e)^2}{R} + \left[\begin{array}{c}\frac{2(n \cdot e)^2 \cdot m \cdot \sin \omega_p t}{R} + \\ \frac{(n \cdot e)^2 \cdot m^2 \cdot \sin^2 \omega_p t}{R}\end{array}\right] d\omega_p t \tag{2.4.3}$$

100 ％変調における平均電力 P_{100} は、

$$P_{100} = \frac{1}{2\pi}\int_0^{2\pi} \frac{(n_0 \cdot e)^2}{R}(1+m \cdot \sin \omega_p t)^2 d\omega_p t \tag{2.4.4}$$

P_{100}：100 ％変調時の平均電力

n_0：無変調時の PA 合成台数

ω_p：変調信号の角周波数

m：変調度（0～1）

$$\begin{aligned}P_{100} &= \frac{1}{2\pi}\int_0^{2\pi} \frac{(n_0 \cdot e)^2}{R}(1+m \cdot \sin \omega_p t)^2 d\omega_p t \\ &= \frac{(n_0 \cdot e)^2}{R}(1+m^2/2) \\ &= 1.5\frac{(n_0 \cdot e)^2}{R}\end{aligned} \tag{2.4.5}$$

　すなわち、デジタル処理型の 100 ％変調時の平均電力は、無変調時の 1.5 倍となる。変調角周波数 ω_p で積分する前の瞬時の 100 ％尖頭出力は先にも述べ

たが 4 倍である。

2.4.3 電源から見た負荷インピーダンス

図 2.4.2 から各電源からみた負荷インピーダンスを表すと、次のようになる。

$$\frac{e}{i_1} = R \qquad (2.4.6)$$

$$\frac{e}{i_2} = \frac{R}{2} \qquad (2.4.7)$$

電源が 2 段に加算されることで、各電源からみた負荷インピーダンスは、2 分の 1 に低下する。等価的に負荷が低下することで、出力は 4 倍となる。各電源は、負荷が半分になったことで、出力を増加できる能力を有する増幅回路があることが条件である。

FET を使用したフルブリッジ増幅回路の出力の計算結果を示す。式 (2.4.8) 以降に示すように出力 P_l は、負荷抵抗に反比例して増加することが導かれる。

$$P_l = \frac{8R_l \cdot E^2}{\pi^2 (2r + R_l)^2} \cdot \eta \qquad (2.4.8)$$

R_l：負荷抵抗（抵抗分とした場合）
r：FET の ON 抵抗
E：電源電圧

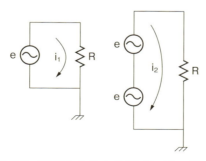

図 2.4.2　電源からみた負荷インピーダンス

η:PA 効率

$R_l>r$ としたとき出力は、次のように与えられる。

$$P_l = \frac{8 \cdot E^2}{\pi^2 R_l} \cdot \eta \tag{2.4.9}$$

負荷抵抗 R_l が低下すると出力は増加する。物理的に出力を制限するのは、増幅素子(FET)への印加電圧と通過電流耐量による。

2.5 増幅器の効率と整合

2.5.1 高周波増幅器の動作

　固体化 PA（Power Amplifire）の動作を少し深く掘り下げてみたい。固体化増幅回路を考えるときに、負荷インピーダンスと効率の関係が気になるところである。必要な出力を得るために印加する電源電圧、そして負荷インピーダンスの関係である。最大効率を得るための負荷インピーダンスの設定がある。

2.5.2 固体化 PA の動作効率

　フルブリッジの FET の動作を考える。FET はスイッチング素子として使用している。図 2.5.1 のフルブリッジ回路は、図 2.5.2 のような等価回路に描き換えることができる。

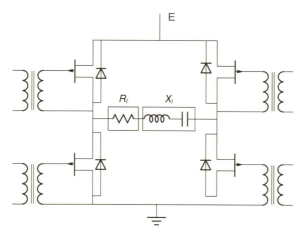

図 2.5.1　フルブリッジ PA 回路

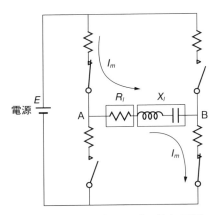

図 2.5.2　フルブリッジの等価回路

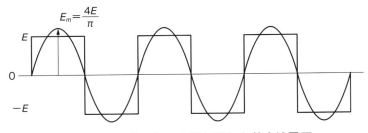

図 2.5.3　負荷に加わる印加電圧と基本波電圧

　負荷インピーダンスに加わる出力電圧は、**図 2.5.3** のように矩形波となる。この矩形波の基本波成分最大値 E_m は、

$$E_m = \frac{2}{\pi}\int_0^{\frac{\pi}{2}} 2E \cdot \cos\theta \cdot d\theta = \frac{4E}{\pi} \tag{2.5.1}$$

一方、負荷インピーダンスの A–B 間を流れる電流 I_m は直列共振回路によって高調波成分は阻止されるため、基本波成分のみの正弦波となる。正弦波の最大値 I_m は、

$$I_m = \frac{E_m}{|2r+Z_l|} = \frac{4E}{\pi\sqrt{(2r+R_l)^2+X_l^2}} \tag{2.5.2}$$

　R_l：負荷抵抗成分

X_l：負荷リアクタンス成分
r：FET のオン抵抗
E：電源電圧

出力の負荷 R_l に消費される電力 P_o は、

$$P_o = \left(\frac{I_m}{\sqrt{2}}\right)^2 \cdot R_l = \frac{1}{2}I_m^2 \cdot R_l = \frac{8E^2 \cdot R_l}{\pi^2\{(2r+R_l)^2 + X_l^2\}} \tag{2.5.3}$$

I_m を $\sqrt{2}$ で除しているのは、実効値に変換するためである。

電源から供給する電流は、波高値 I_m の脈流となるから直流値 I_d（脈流の平均値）は、

$$I_d = \frac{2}{\pi}I_m = \frac{8E}{\pi^2\sqrt{(2r+R_l)^2+X_l^2}} \tag{2.5.4}$$

したがって、直流電源によって供給する直流入力電力 P_{dc} は、

$$P_{dc} = E \cdot I_d = \frac{8E^2}{\pi^2\sqrt{(2r+R_l)^2+X_l^2}} \tag{2.5.5}$$

となり、固体化 PA の効率 η_p は、次のようになる。

$$\eta_p = \frac{P_o}{P_{dc}} = \frac{R_l}{\sqrt{(2r+R_l)^2+X_l^2}} \tag{2.5.6}$$

次に、負荷に流れる電流と印可電圧の関係を考える。増幅回路の解析には負荷インピーダンスを純抵抗負荷として取り扱うことが多い。しかし、整合を取ることよって PA 負荷インピーダンスを効率との関係で必ずしも純抵抗負荷とすることが最良である保証はない。理論的には扱いやすいので純抵抗負荷としている。

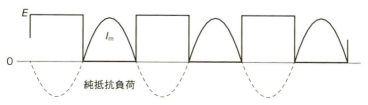

図 2.5.4　FET に印加される電圧と負荷電流（理論値）

先にフルブリッジ増幅回路の効率について述べてきたが、効率が一番良いのは、フルブリッジ回路のスイッチングが理想的な状態、すなわちFETがonのときに負荷電流が流れて、FETへの印加電圧がゼロとなり、電流と共存しないときである。図2.5.4は、FETがonになっているときに負荷電流が流れている様子を示した理想的な条件である。実際、FETのスイッチング動作はそれほど切れ味が良いわけではないから、電圧と電流とのクロスオーバする領域が存在するためこれが損失となる。それにFETのon抵抗はゼロではないことも影響している。また、出力回路のQ、またはSが小さいと、FETに相当量の高調波が流れ、それらがドレイン電圧の高調波に対して、出力変成器漏洩インダクタンスによりそれぞれ90度位相が遅れる結果となる場合もある。

基本波に対して、負荷インピーダンスが容量性、誘導性の場合を考えたのが図2.5.5である。これらの条件は、整合回路などの調整によって生成される。リアクタンス負荷において、図2.5.2の等価回路のスイッチがoffのときにも負荷に正弦波電流を継続して流すことになるから、電流経路は、FETのドレインからソース回路ではなく、ソースからドレイン回路への逆電流の帰路が必要となる。この場合、容量性負荷と誘導性負荷では、図2.5.5に示すように電圧を基準とした場合の電流の位相シフトが異なっている。効率を議論する上では、さらに両者（容量性、誘導性）の回路の振る舞いを微視的に解析する必要

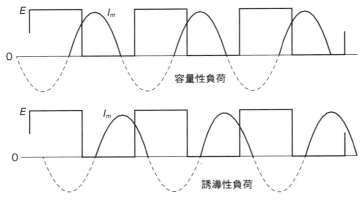

図2.5.5　リアクタンス成分を持つ負荷における印加電圧と負荷電流

がある。FET はソースからドレインへの逆電流には弱いため、FET に並列にダイオードを入れて電流経路を形成している。

　整合回路の設計のときに詳しく解説を行うが、このような増幅動作における負荷インピーダンスの持つリアクタンスと効率の関係のほかに、通常の運用動作から、アンテナを含む整合回路の負荷が短絡や開放によって急激にインピーダンス変化した場合、PA に流れる過度電流の振る舞いを考えることも重要である。これらの解析は、送信機の保護動作の設計を行う上で大変重要である。

2.5.3　固体化 PA の効率の向上と総合効率

　前述では固体化 PA の単体動作についての効率を議論してきた。整合回路の入力インピーダンスは、個別 PA に分散されるわけであるから、整合回路の入力インピーダンスと、個々の PA の負荷インピーダンスへの換算は第一回の計算例を参照していただきたい。

　固体化 PA の単体効率は 90 数％ と非常に高い。古い話であるが、真空管送信機時代の終段陽極変調方式の装置の総合効率は 60 ％程度であった。近年の中波デジタル送信機の総合効率は 80 ％強であるから、電気代の軽減に大きく寄与している。例えば、300kW の送信出力を出すとしたときに、効率が 60 ％であれば、入力電力は 300kW・1.5/0.6＝750kW であり、効率が 80 ％であれば、300kW・1.5/0.8＝560kW となるから、190kW の電力量の節減となる。非常に大きな運用経費の削減となっている。

2.6 デジタル送信機の負荷インピーダンス

2.6.1 デジタルPA合成のモデル計算

図 2.6.1 は、中波のデジタル送信機の簡易な構成例を示す。これを例にとり、合成出力の計算を行った。全体を理解するために、PA は大きなステップを受け持つビックステップ PA のみの構成として、バイナリステップ（1/2、1/4、1/8…）の PA は無視した。

固体化 PA は総数で 100 台。送信機出力は 20kW と想定した。1 台の固体化

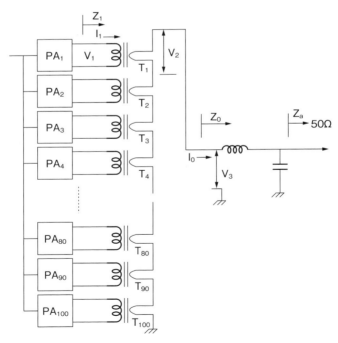

図 2.6.1　中波デジタル処理型送信機の一例

PA を 400W と想定したので、概算は以下のように考えられる。実際の PA と出力トランスの結合については、PA 数台を並列接続して出力合成トランスに導く方法が取る場合が多い。ここではわりやすく考えるために、PA 一台に一台の出力トランスとした。

一方、固体化 PA 数と合成出力の概算は、以下のように考えることができる。実際 PA 数は、音声の量子化による刻み方によっても数が異なる。低出力の送信機では一台あたりの PA 出力を低減することもある。

無変調キャリア出力時の計算例

表 2.6.1　デジタル送信機の動作とインピーダンス

項目	設　計　条　件	設　計　値
P_0	PA 単位出力　　装置の規模によって設定	400（W）
E	PA 電源電圧　　設計規模や PA 効率で設定	100（V）
η	PA の効率　　代表的な値を仮定	0.9
Z_1	PA の負荷インピーダンス $=\dfrac{8\times E^2 \times \eta}{P_0 \times \pi^2}=\dfrac{8\times 10000\times 0.9}{400\times 9.87}$	18.24（Ω）
N	1 次巻線／2 次巻線　　P/S	16
V_1	PA 出力電圧 $=\sqrt{(400\times 1.5)}\times 9.12$　（100％　変調時）	74（V）
I_1	PA 出力電流 $=\sqrt{\dfrac{P_0}{Z_1}}\times\sqrt{1.5}=\sqrt{\dfrac{400}{18.24}}\times 1.225$　（100％　変調時）	5.74（A）
V_2	トランス 2 次電圧 $=\dfrac{V_1}{N}=\dfrac{74}{16}$	4.63（V）
Zs	トランス 1 つあたりの 2 次側インピーダンス　$\dfrac{Z_1}{N^2}=\dfrac{18.24}{256}$	0.071（Ω）
Z_0	2 次側のインピーダンス：整合器入力のインピーダンス　$Zs\times PA$ 総台数 $=0.071\times 100$	7.1（Ω）
I_0	$\sqrt{\dfrac{20000\times 1.1\times 1.5}{Z_0}}=\sqrt{\dfrac{20000\times 1.1\times 1.5}{7.1}}$　（100％　変調時）	68.2（A）
V_3	$V_2\times PA$ 総台数 $=4.63\times 100$	463（V）
Z_a	合成入力インピーダンス	50（Ω）

$$P_{no-\mathrm{mod}} = 400\mathrm{W} \times 50\text{台} = 20\mathrm{kW}$$

100 % *peak* 出力

$$P_{100}peak = (400 \times 2)\mathrm{W} \times 100\text{台} = 80\mathrm{kW}$$

100 % 平均電力

$$P_{100ave} = \frac{80\mathrm{kW}}{4} \times 1.5 = 30\mathrm{kW}$$

各値を計算すると**表 2.6.1** のような結果となる。

2.7 ドハティ増幅器とインピーダンス

2.7.1 高周波の増幅の効率

振幅被変調波の増幅に考えられている回路を、**図 2.7.1** に真空管回路で記した。ここで用いているのが $\lambda/4$ 回路である。位相が $\pi/2$ シフトする回路である。π 型回路、T 型回路で構成することができる。回路の簡素化したものを**図 2.7.2** に示す。

搬送波管とは B 級の増幅器、尖頭波管とは C 級の増幅器で構成されている。

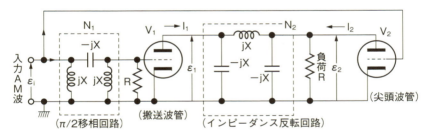

図 2.7.1 ドハティアンプ

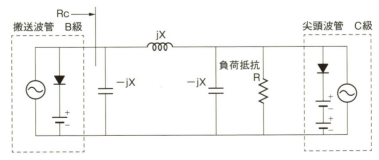

図 2.7.2 回路の簡易化表現

高周波の負荷抵抗は R である。
　理想的な動作を考えるとき、尖頭波管が動作していないとき、搬送波管の負荷は R を $\lambda/4$ 回路を経たインピーダンスとなる。

　　$R_C = X^2/R$

$X=2R$ のとき

　　$R_C = 4R$

DSB の入力信号レベルが搬送波レベル以上になると、尖頭波管が動作する（図 2.7.3）。

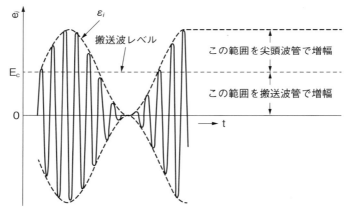

図 2.7.3　増幅振幅の動作領域

DSB の尖頭時に搬送波管と尖頭波管が全電力の半分を受け持つとすれば、負荷の R は 2R の並列と考えることができる。

　　$R_C = X^2/R$

$R=2R$ のとき

　　$R_C = 4R^2/2R$

　　$R_C = 2R$

したがって、尖頭波増幅時に搬送波管の負荷抵抗 Rc は 2R に低下する。**図 2.7.4** のように搬送波管で搬送波レベルが飽和するが、電流は 2 倍になっている。双方の増幅器の負荷インピーダンスのやり取りは $\lambda/4$ で動作するが位相が $\pi/2$ シフトするので、その分、搬送波管の入力側には逆の位相シフト回路を同

第 2 章　電子回路設計と整合

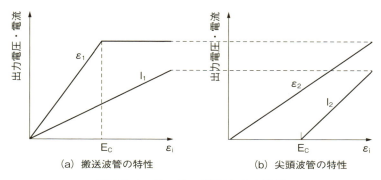

(a) 搬送波管の特性　　(b) 尖頭波管の特性

図 2.7.4　ドハティ増幅の出力特性

様の $\lambda/4$ 回路を挿入している。

2.7.2　中波のデジタル放送

　ここでは、DRM について触れたい。日本では、2000 年の 12 月 1 日に衛星デジタルがスタートして、2003 年 10 月 10 日にはデジタルラジオ（DAB）の実験放送がスタート、そして同 2003 年 12 月 1 日には地上デジタル放送がスタートした。地上デジタル放送は 2011 年 7 月 24 日に正式にスタートした。

　現在の中波 AM と超短波放送（FM）は、アナログ放送であり受信の簡便なシステムとして聴取されているメディアである。筆者は中波との付き合いが長いのでこのメディアに愛着があり、技術継承や将来の動向を勝手に想像したりしている。今回は少々無責任な議論を展開したい。音声メディアのデジタル方式として、DRM、IBOC が海外では実施されている。DRM（Digital Radio Mondiale）は、30MHz 以下（LF、MF、HF 帯）でのデジタル放送の世界単一標準の作成を目指して結成されたコンソーシアムである。ちなみに Mondiale とは、フランス語で「世界」の意味である。IBOC（In-Band On-Channel）は、DSB の両サイドにデジタルチェンネルを乗せて伝送する。DRM、IBOC のいずれも OFDM マルチキャリア方式である。

2.7.3 OFDM 信号の特徴

最近は OFDM 全盛という流れにある。TV 地上デジタルも DAB（Digital Audio Broadcasting）も OFDM が使われている、ADSL も PLC（Power Line Communication）も OFDM 方式である。RF によるデジタル伝送方式もいくつもあるが、OFDM 伝送方式の特徴としてピーク電力への対応がある。瞬間的な電力が約 10 倍、電圧で 3 倍強となる。C クラスの電力増幅器では尖頭部分が欠落するから OFDM 信号の増幅には、バックオフを大きくとったリニアアンプの登場となる。昔の AM 方式で低電力変調方式、高電力変調方式というのがあった。低電力変調方式では、変調段の電力は小さいが、それを後段までリニアに増幅していく過程が大変であった。それに比べて高電力変調方式では、変調電力は大きいがリニアリティは良い。現在のアナログの NTSC 方式の電力増幅器はほとんど固体化であるが、電力増幅部分には同期先頭値までのリニアリティの考慮が必要である。OFDM 伝送ではそれ以上にバックオフが必要となる。

2.7.4 中波送信機への適合性

DRM 送信機の伝送方法は幾つか考えられているが、図 2.7.5 は、オーソドックスな方法で OFDM 信号を伝送する方式である。

直線 RF 増幅部は、バックオフをとった構成となる。PAPR（Peak to Average Power Ratio）という考え方があって、これを小さくする工夫も検討

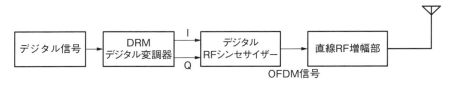

図 2.7.5　DRM の送信機構成の例

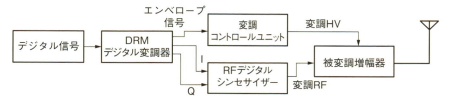

図 2.7.6　高電力真空管送信機への応用例-1

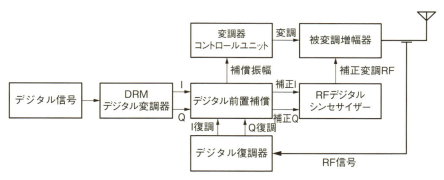

図 2.7.7　高電力真空管送信機への応用例-2

されている。以前学会報告で、ドハティ増幅器の応用があったが興味深かった。

図 2.7.6 は、従来の中波送信機の振幅変調器とドライブ信号にそれぞれデジタル変調器からの信号を入力する応用例である。

図 2.7.7 は、高電力送信機への応用例-2 である。RF 出力を帰還させて特性補償をしている。

中波送信機の搬送波電力を 1 とすると、100 %変調のピークでは、4 倍のパワーを出力している。変調信号の 1 周期間の平均電力は、1.5 倍となる。ピークパワーが 4 倍であるから 6dB である。中波送信機の能力を利用するのであれば、簡単に 6dB のバックオフが得られていることになる。搬送波電力をさらに絞った形で使用すれば、バックオフはさらに増加させることができる。それを示したのが図 2.7.8 である。

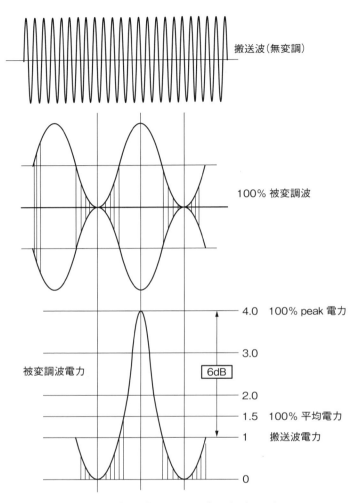

図 2.7.8　AM 被変調波の 100％変調相当のバックオフ

2.8 雑音電力の整合時の KTB の不思議

2.8.1 雑音とは何か

雑音は、自然雑音と人工雑音に分けることができる。

(自然雑音)
- 地球からの電磁放射
- 空中の酸素、水蒸気の吸収による大気雑音
- 太陽およびその他の恒星からの宇宙雑音

(人工雑音)
- 人工的な電気の放電
- 通信電波によるもの
- 電動モータ
- 発火プラグ
- 不完全スイッチ
- 不規則に変動する大きなピークを持つパルス

2.8.2 熱雑音と整合

$$\overline{v_n^2} = 4kTBR \tag{2.8.1}$$

k：ボルツマン定数 $= 1.38 \times 10^{-23}$ [J/K]

T：絶対温度 [K]

B：雑音の周波数帯域幅 [Hz]

$$\frac{\overline{v_n^2}}{4R} = kTB \tag{2.8.2}$$

ここで興味深いのは、雑音電力を最大に引き出すために雑音電源回路の内部抵

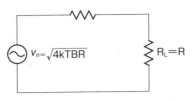

図 2.8.1　抵抗雑音源のと整合

抗に等しい負荷を接続したときに、雑音電力は KTB となる。最大に引き出される値には抵抗値が含まれない。すなわち絶対温度 T と帯域幅 B で決まってしまう（図 2.8.1）。

これは通常の抵抗、またアンテナなどの実数部の抵抗値でも同様のことがいえる。抵抗値のあるものは、雑音電力を発生していることと、最大電力は整合時に取り出せる。それも抵抗値の値に依存しないということである。

2.8.3　電気回路と雑音指数

増幅回路を通ると出力側の信号対雑音比（S/N 比）は劣化する。例えば入力の S/N が 50dB だったのが 45dB に低下するということである。増幅器にはたくさんのデバイスを用いている。それらが雑音を発生しているからである。それと電源回路の雑音も重畳されることになる。以下に示した雑音指数は、入力の S/N と出力の S/N の比をとることで、回路の能力を計る。雑音指数は正の数値で表される。雑音指数（Noise Figure）として利用される。

$$\text{雑音指数 } F = \frac{\dfrac{\text{信号源からの入力信号　電力 } S_{in}}{\text{信号源からの雑音電力　} N_{in}}}{\dfrac{\text{出力端の信号電力　} S_{out}}{\text{出力端の雑音電力　} N_{out}}} = \frac{(S/N)_{in}}{(S/N)_{out}} \quad (2.8.3)$$

$$\text{NF：ノイズフィギュア} = 10\log_{10}\frac{(S/N)_{in}}{(S/N)_{out}} \quad [\text{dB}] \quad (2.8.4)$$

2.8.4 雑音と情報伝送（シャノンの定理）

　白色雑音下において、周波数帯域幅 W（Hz）と信号対電力の S/N によって与えられるチャンネル容量以下で通信するかぎり、伝送路誤りを任意に小さくできる符号化方式が証明された。そのときのチャンネル伝送容量 C（bit/s）は、以下のように表される。

$$C = W \log_2(1 + S/N) \qquad (2.8.5)$$

式から、S/N＞0 である限り、帯域幅を大きくして、かつ時間をかければ情報はいくらでも伝送できることを示している。（シャノンの定理）

①伝送路とは
　●無線伝送路（宇宙空間伝送、地上伝送）
　●有線伝送路（メタル回線、ファイバー回線）

②デジタル伝送路

　時間変動のある要因としては、マルチパス、フェージング（波形ひずみの増加、干渉雑音）、降雨減衰（熱雑音の増加）がある。

　時間変動のない要因としては、フィルタ特性（波形ひずみの増加）、送信電力（熱雑音の増加）、無線局の増加、都市内反射雑音（干渉雑音の増加）が考えられる。

（シャノンの定理の計算例）

　SN 比が 20dB、帯域幅が 4kHz（電話回線に相当）の場合、$C = 4 \log_2(1 + 100) = 4 \log_2(101) = 26.63$ kbit/s となる。なお、S/N＝100 という値は SNR が 20dB を真数で表現したもの。

　例えば、50kbit/s で転送しなければならないとする。

　帯域幅は 1MHz だとすると、$50 = 1000 \log_2(1 + S/N)$ から求められ、$S/N = 2^{C/W} - 1 = 0.035$ であるから、SN 比は -14.5 dB となる。つまり、スペクトラム拡散通信などを用いればノイズよりも弱い信号で伝送が可能であることが示されている。

2.9 デジタル伝送の誤り率の劣化

2.9.1 マルチパスは不整合伝送路

図 2.9.1 は、地上デジタル親局からの電波が直接波と、山やビルに反射して受信される状況を示した。もう一つは、テレビ受信機に前ゴーストとして電波が入射する場合も表現した。これは特殊なケースかもしれないがゴーストが前に現れることである。ビル内での共同受信の受信機入力に加えて、直接的に電波が受信機に飛び込むケースをいう。送信点の近傍などの場合など、受信機に直接飛び込む電波が強くないと発生はしない。デジタル伝送でのマルチパスは誤り率の増加をもたらす原因となる。

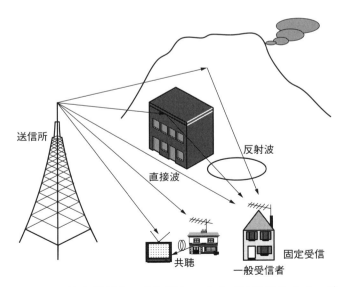

図 2.9.1　地上デジタルの伝搬とマルチパス受信のイメージ

2.9.2 ODFM 変調

OFDM波を生成するためには、先ほどの同期検波回路と同様な回路を多数構成する方法がある。基本的には周波数の本数と同数のQAM変調回路が必要となる。しかしキャリアは5600本余りもあるから個別に変調器を用意していたのでは途方もない回路構成となる。OFDM波の生成では数学的な演算処理（IC回路）によって信号を得ている。そのためにIFFT（Inverse Fast Fourier transform）を用いている。時間軸の信号を周波数軸上の信号に変換する操作である。各キャリアにおける多値変調は、QPSK、16QAM、そして64QAMの形式をとる。図2.9.2はOFDMの生成のイメージを表現したものである。簡単に表現するために16QAMのみにした。

合成された時間軸上のOFDM信号は、雑音に近い信号となる。例えば各キャリアのQAMのベクトル位相の方向がすべて一致してしまえばピーク値はキャリアの数と同様の倍数となってしまう。平均電力レベルに対して確率的にOFDM波は、10倍（電圧で3倍強）程度のピーク電力まで増幅する能力が求められる由縁である。これをバックオフ（Back off）という。1kWの平均電力

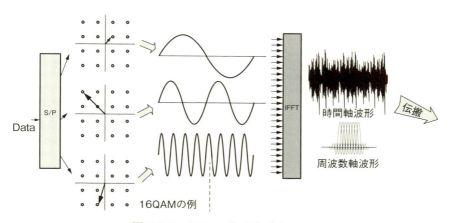

図 2.9.2　OFDM 波の生成と IFFT

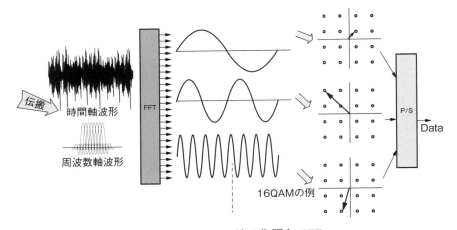

図 2.9.3　OFDM 波の復調と FFT

の増幅に対してピーク電力を考慮すると 10kW の増幅器が必要となる。

図 2.9.3 は、OFDM の復調回路の構成である。ここでは FFT（Fast Fourier transform）を用いて周波数軸から時間軸に変換する。多値 QAM 波は個別に復調されパラレル信号からシリアル信号に変換される。

2.9.3　シンボル長からみたマルチキャリアと多相化の利点

シングルキャリア（1 周波数）をデジタル信号で変調する場合、例えば 10Mbps で BPSK（Binary Phase Shift Keying）すると、周波数帯域の幅は、10MHz に広がる。次に QPSK にして同様の 10Mbps を伝送すると、各 I 軸、Q 軸へは 2 分の 1 の 5Mbps の伝送レートとなるから伝送帯域は BPSK に比べて QPSK の方が半分ですむ。逆に BPSK の帯域幅が許容されれば、QPSK での伝送レートは 20Mbps に増加させることが可能である。

そのようなイメージを筆者が表現してみたのが図 2.9.4 である。多相化して、各相を同じ伝送レートで PSK 信号生成しても帯域は増加しない。メリットばかりのようにもみえるが、多相化したときには、それぞれの相間の識別が大変であるということもある。相間には雑音やひずみが加わるから多値ほど識別し

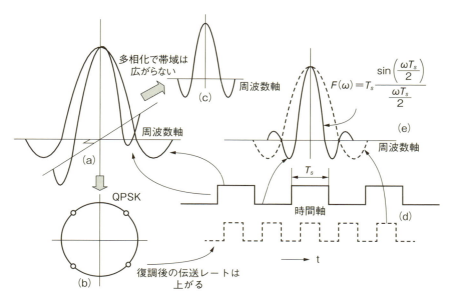

図 2.9.4 多相変調と帯域の関係

づらくなる。したがって雑音などとのトレードオフになる。周波数帯域はパルス幅で決定されると考えられるから、高速なパルスほどパルスの時間幅は狭くなるから周波数帯域幅は増加する。

　もう一つ、説明を加えれば伝送レートを下げることによって信号のシンボル長（符号間距離）は長くなる。これは、同一のマルチパスに対して符号の受ける干渉はシンボル長の長いほうが有利である。伝送レート 10Mbps に対して 5Mbps であればデータの符号長は、低レートの方が長い。あまりシンプルに表現すると、専門家からクレームが出るかもしれないが、シングルキャリアのデジタル変調とマルチキャリア（OFDM のような）の場合を比較してみる。

　地デジの OFDM キャリア間隔が約 1kHz、キャリア総数が約 5600 本、全てのキャリアを 64QAM にすると、1 キャリアの伝送ビットは 6bit であるから、伝送レートは、1(kHz)×5600(本)×6(bit)＝33.6Mbps となる。相当乱暴な計算で申し訳ないが、これにガードインターバルや、誤り訂正の符号化率（内符号、外符号）で割り引いてやると、実際の地デジでは情報レートで 20Mbps 程

度は13セグメントで伝送できそうである。比較するためにシングルキャリアをデジタル変調で33.6Mbpsを伝送する場合には、33.6(Mbps)÷6(一応64QAMとして)＝5.6MHzとなる。これは、OFDMであれば、1kHzの符号長であったものがシングルキャリアでは5.6MHzとなるから、その逆数としての時間比較では、1msecと17.9μsecと大きな違いとなる。これはゆっくり送ったデジタル信号の方が符号間干渉（直接波と遅延波の重なり）などには強いからOFDM伝送の優位性が説明できる。

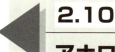

2.10 アナログ回路の多重化画像は今

2.10.1 ガードインターバルとマルチパス

　地上デジタル伝送はマルチパスに強いといわれる。マルチパス（Multi-Path）とは不整合伝送路と同様に扱うことができる多重化伝搬である。アナログ時代はゴースト（Ghost）"お化け"と云うことが多かった。テレビジョンの受信画像が2重、3重になって見えたからである。地デジではある時間内のマルチパスはキャンセルすることが可能である。モード3の方式ではガードインターバル長を126μsとしているから、最大37.8kmの遅延時間差までは補償できる。

　図2.10.1に示したのは、ガードインターバル信号を付加する方法である。生成したOFDM波の有効シンボル長の後ろの信号をコピーしてシンボル期間の先頭に貼り付けて伝送シンボルをつくる。このようにすることで、このガードインターバル期間内のマルチパスは回避することができる。

　OFDM信号は伝送シンボル期間ごとに同期復調されるので、ガードインターバル期間内にゴースト信号があっても有効シンボル期間内では正しく復号できることになる。このような伝送方式をとることで、親局と中継局（子局）とが同じ周波数で送信しても、マルチパス同様に、エリア内での遅延時間がガードインターバル期間以内に設定されていればゴーストの無い受信が可能である。この技術がSFN（Single Frequency Network）を構築できる理由でもある。この場合、親局と子局の間の周波数、遅延時間は十分計算された設定値で管理して送信される必要がある。また、同じ中継局でも、親局を受信して子局も同一周波数で送信する方法を採用する場合は受信が重複するエリアの改善も含めてガードインターバル期間内に遅延時間を納めることが必要となる。この点が従来のアナログテレビ放送では出来なかった高度な技術である。従来のア

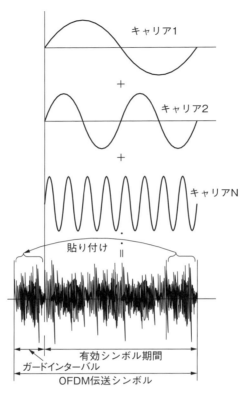

図 2.10.1　ガードインターバル信号の付加方法

ナログでは、MFN（Multi Frequency Network）が殆どであり、親局と子局の送信周波数は異なっていた。ガードインターバル時間を長くすればするほど、長い時間遅れのゴーストに対応することが可能である。しかし、ガードインターバルは冗長な信号伝送であるから、本来伝送すべき情報量を減らす結果となる。

　図 2.10.2 では希望波とゴースト波が識別されて表現しているので分り易いが、実際の受信信号は希望波とゴースト波が混合されているのでシンボル期間内での復号信号は、振幅と位相が変化していることが想像できる。そのイメージを、図 2.10.3 に示した。ゴースト波による干渉は振幅方向と位相方向にひ

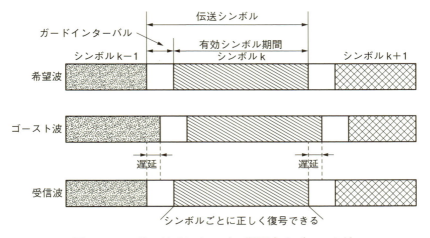

図 2.10.2　ガードインターバル期間内のゴースト波

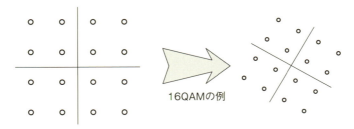

図 2.10.3　振幅と位相方向にひずみを受けた状況

ずみを発生する。ゴースト信号が希望波と同一レベルであると、最大で+6dB、最低で0dBという選択性フェージング並みの変化をすることがあるから厄介である。これらは別の方法で振幅と位相を補正することが可能である。

図 2.10.4 は、ガードインターバル期間越えの遅延波が存在したときを表現した。有効シンボル期間に隣のシンボルが混ざってしまい復号は困難となる。ここではゴースト波を1波として表現したが、マルチパスであれば、それぞれのゴースト波がガードインターバル以内であること、各マルチパス波の合成電力が既定値を越えてはならないことが必要になる。

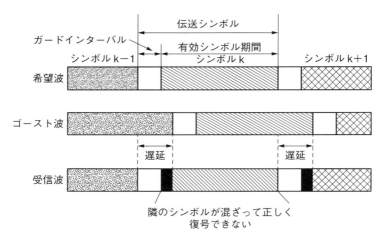

図 2.10.4　ガードインターバル期間越えのゴースト波

第 3 章

電子デバイスと整合

3.1 半導体回路の整合

3.1.1 負性抵抗

　抵抗は正の値で扱うことが一般的である。電圧が増加すれば電流は増加する。逆に電圧が増加した時に電流が低下する特性が得られれば、その部分は負性抵抗特性といえる。回路設計としてそのような現象を生成することもある。また増幅器の動作に置いて、不要な現象としてのダイナトロン特性などはその負性抵抗のために通常の増幅器が発振してしまう。

　図 3.1.1 は、電圧電流特性を用いて電圧と電流の変化が逆の動きを示している。図 3.1.1 から式を構成してみると、

$$\frac{I+i}{E_0-(E+e)} = \frac{I+i}{(E_0-E)-e} = \tan\theta \tag{3.1.1}$$

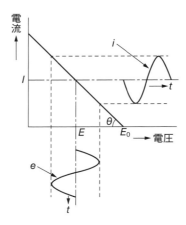

図 3.1.1　負性抵抗の動作

$$\frac{I}{E_0 - E} = \tan \theta \tag{3.1.2}$$

$$I + i = (E_0 - E)\tan\theta - e\tan\theta \tag{3.1.3}$$

$$i = -e\tan\theta \tag{3.1.4}$$

$$\frac{i}{e} = -\tan\theta \tag{3.1.5}$$

このような式が成立することから、交流的にこのような素子は負のコンダクタンスを持つことになる。

3.1.2 トンネル・ダイオード

負性抵抗素子である半導体である。N 型、P 型半導体に加えるドナー、アクセプタ不純物の量を多くしたときのエネルギバンド構造を**図 3.1.2** に示す。

図 3.1.3 は外部からの電圧を印加していないときのエネルギバンドである。両半導体のフェルミレベルが一致している。次にダイオードに順方向電圧を印加すると接合面が極端に薄い構造になるため、N 型半導体の伝導体の電子が P 型半導体の充満帯に流れる現象が発生する。これがトンネル電流である。

順方向とは、P 型に ＋、N 型に － 電圧を印加することである。トンネル・ダイオードは順方向で使用する。**図 3.1.4** のように順方向電圧をさらに印加すると電流は流れづらくなる。さらに電圧をあげると一般的なダイオードのように順方向電流が流れる。負性抵抗特性とは電圧を上げているのにもかかわら

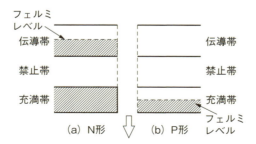

図 3.1.2　不純物濃度の高い N 型、P 型半導体素子

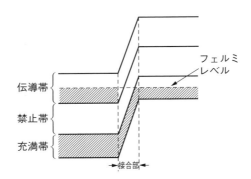

図 3.1.3　N 型、P 型半導体の接合

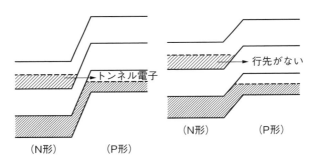

図 3.1.4　順方向電圧におけるトンネル電子

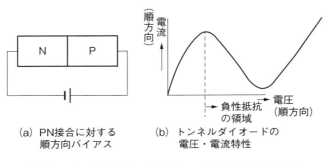

（a）PN接合に対する　　（b）トンネルダイオードの
　　順方向バイアス　　　　　電圧・電流特性

図 3.1.5　トンネル・ダイオードの負性抵抗領域

ず、電流が低下する領域をいう。図 3.1.5 は電圧・電流特性を示した。
このダイオードは、1957 年に江崎玲於奈氏が発見した。エサキ・ダイオード

やトンネル・ダイオードと呼ばれる。ほかに逆バイアス電圧で使用するインパット・ダイオードなどがある。動作原理は異なるが、いずれも負性抵抗素子である。

3.2 分配合成回路の整合

3.2.1 分配合成回路の種類

大電力の送信設備に使用する合成分解回路をいくつか紹介する。大電力送信機、中電力送信機では、出力合成にブリッジドT型回路を用いることが多い。今回はブリッジドT型回路の動作を考えてみたい。

3.2.2 ブリッジドT型回路の解析

図 3.2.1 は、送信機出力を合成するためのブリッジドT型回路である。すべての素子定数がR（Ω）であるからS＝1の回路であり、比較的広帯域な回路である。

図3.2.1中の2つの実数部Rは、出力フィーダを見立てた負荷回路と、アンバランス出力を吸収するための吸収抵抗とした。吸収抵抗をEQ（Equalizing dummy）ダミーと呼ぶこともある。

回路の動作を簡単に理解するために、図3.2.1に示したa、b、cの部分の回路を $\varDelta$–Y 変換して書きなおしたのが**図 3.2.2** である。$\varDelta$–Y 変換は電気回路理

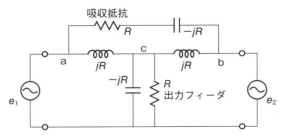

図 3.2.1　ブリッジドT型出力合成回路

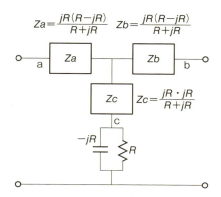

図 3.2.2　Δ-Y 変換したブリッジド T 型回路

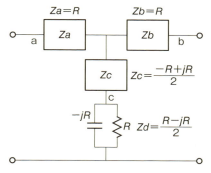

図 3.2.3　構成回路のインピーダンス値

論を参照願いたい。他には、少々面倒だが回路電流を想定してキルヒホッフの定理を使って解く方法もある。

Za、Zb、Zc 回路のインピーダンスを計算した結果を代入したのが**図 3.2.3** である。

　ここで、面白いのがインピーダンス Zc と Zd の直列合成値はインピーダンスがゼロに見えることである。**図 3.2.4** に短絡される状況をマイナス領域のベクトル表現を入れて示した。

　したがって、それぞれの送信機から見たインピーダンスは R（Ω）となる。理想的な定数で構成されたブリッジド回路であれば、**図 3.2.5** のように大変シ

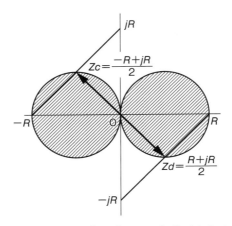

図 3.2.4　インピーダンスの合成ベクトル

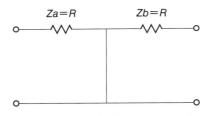

図 3.2.5　送信機から見たインピーダンス

ンプルなインピーダンスの関係となる。

　このシンプルな回路からわかることは、相互の送信機間の影響は完全にアイソレートされた状態となる。これは、1号機からの影響が2号機に及ぼさないことが保証されている。逆も同様である。送信機間のアイソレーションはこの短絡回路のインピーダンスが微妙に値を持つとして解析することが可能である。

3.2.3　ブリッジド T 型回路と 3dB カップラ

　図 3.2.6 はブリッジド T 型回路を使った出力の合成分配回路を考えてみた。100W 程度の実機の製作は行ったことがある。適正な定数を選択していれば、

第 3 章　電子デバイスと整合

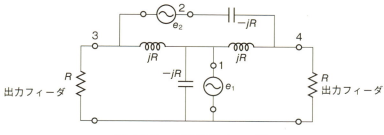

図 3.2.6　中波 3dB カップラ

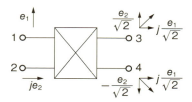

図 3.2.7　回路の電圧ベクトル

e_1、e_2 の電源間のアイソレーションは 30dB 以上充分取れる。ただし、e_2 電源回路には接地の工夫が必要である。平衡・トランスで浮かす方法もある。この回路は、さらに位相回路などと組み合わせて中波帯の無停波切り替え装置への応用展開も考えられる。

図 3.2.7 は、サーキュレータの入出力の電圧関係をベクトルで表現した。これからいえるのは電圧位相を可変することで、負荷への任意な電力分配、さらに片側負荷のみに出力を集中させることも可能である。エネルギは入力の合計値と出力の合計値で 1 対 1 の関係にある。

3.2.4　分布定数線路の 3dB カップラ

3dB カップラは多くの用途に用いられる。出力の合成分配、メディアの異なるチャンネル合成にも利用される。帯域幅は約 20 %。大電力数十 kW にも使用される（図 3.2.8）。

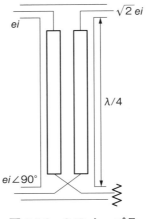

図 3.2.8　3dB カップラ

3.2.5　同軸線路の平衡形合成装置

広帯域の並列合成が可能である。帯域幅約 18 %（図 3.2.9）。

3.2.6　同軸線路の不平衡型合成装置

構造が簡単で数百 W 以下に使用する。帯域幅約 16 %（図 3.2.10）。

3.2.7　ラットレース回路

ラットレース——おもしろい名前である。ネズミの競争用のループ。東京タワーの VHF50kW の出力合成回路に使っていた経験がある。帯域幅約 18 %。大電力の数十 kW まで使用可能である。回路もわかりやすくダミーには合成損失分のエネルギが食われるから、この点で合成のバランス状況を確認できる（図 3.2.11）。

第 3 章　電子デバイスと整合

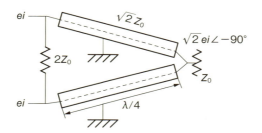

図 3.2.9　平衡形合成回路

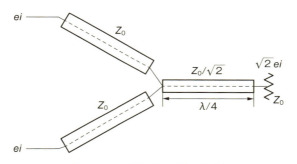

図 3.2.10　不平衡型合成回路

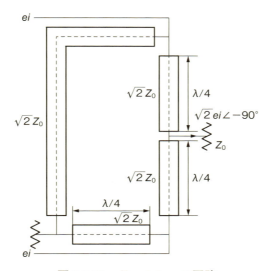

図 3.2.11　ラットレース回路

3.3 ひずみ波のインピーダンス

3.3.1 ひずみ波のインピーダンス

ひずみ波電圧 v(t) とひずみ波電流 i(t) から直接インピーダンスを求めることはできない。インピーダンスを決定するには単一の周波数毎に計算値か測定値を求めることが必要である。

3.3.2 フーリエ級数展開

連続したひずみ波は直流値 a_0 と cos 項、そして sin 項で表現できる。

$$f(t) = \frac{a_0}{2} + \sum_{n=1}^{\infty} a_n \cos n\omega t + \sum b_n \sin n\omega t$$

$$a_n = \frac{2}{T} \int_{-\frac{T}{2}}^{\frac{T}{2}} f(t) \cos n\omega t\, dt \ (n = 0, 1, 2,....)$$

$$b_n = \frac{2}{T} \int_{-\frac{T}{2}}^{\frac{T}{2}} f(t) \sin n\omega t\, dt \ (n = 0, 1, 2,....) \tag{3.3.1}$$

n次の cos と sin は以下のように表現され、時間軸信号 f(t) は以下のようになる。

$$\cos n\omega t = \frac{1}{2}(e^{jn\omega t} + e^{-jn\omega t})$$

$$\sin n\omega t = \frac{1}{2j}(e^{jn\omega t} - e^{-jn\omega t})$$

$$f(t) = \frac{a_0}{2} + \frac{1}{2}\sum_{n=1}^{\infty}(a_n - jb_n)e^{jn\omega t} + \frac{1}{2}\sum_{n=1}^{\infty}(a_n + jb_n)e^{-jn\omega t}$$

$$= \frac{1}{2}\sum_{n=-\infty}^{\infty}(a_n - jb_n)e^{jn\omega t} \tag{3.3.2}$$

$$F(n) = \frac{(a_n - jb_n)}{2} \ (n = 0, \pm 1, \pm 2 \ldots\ldots.)$$

上式は、時間領域 $f(t)$ を、周波数領域 F(n) へ変換する式である。これを周期性のある信号に対するフーリエ変換という。

$$f(t) = \sum_{n=-\infty}^{\infty} F(n) e^{jn\omega t}$$

$$F(n) = \frac{1}{T} \int_{-\frac{T}{2}}^{\frac{T}{2}} f(t) e^{-jn\omega t} dt \ (n = 0, \pm 1, \pm 2 \ldots\ldots.) \tag{3.3.3}$$

F(n) は、周期関数 f(t) の複素スペクトルという

$$F(n) = \frac{1}{2}\sqrt{a_n{}^2 + b_n{}^2}\, e^{j\tan^{-1}\left(\frac{b_n}{a_n}\right)}$$

F(n) の絶対値を|F(n)|とすると

$$|F(n)| = \frac{1}{2}\sqrt{a_n{}^2 + b_n{}^2} \ (n = 0, \pm 1, \pm 2, \ldots\ldots, \infty)$$

$$\theta_n = \tan^{-1}\left(-\frac{b_n}{a_n}\right)$$

$$f(t) = \sum_{n=-\infty}^{\infty} |F(n)| e^{j(n\omega t + \theta_n)} \tag{3.3.4}$$

3.3.3 矩形波のフーリエ級数展開とインピーダンス

図 3.3.1 の矩形波は直流成分を持たない奇関数であるから bn の項のみを扱えばよい。

$$b_n = \frac{4}{\pi}\int_0^{\frac{\pi}{2}} E_m \sin n\theta d\theta = \frac{4E_m}{\pi}\left[\frac{-\cos\theta}{n}\right]_0^{\frac{\pi}{2}} = \frac{-4E_m}{n\pi}[\cos\theta]_0^{\frac{\pi}{2}}$$

$$= \frac{-4E_m}{n\pi}[0-1] = \frac{4E_m}{n\pi}$$

$$f(\theta) = \frac{4E_m}{\pi}\sum_{n=1}^{\infty}\frac{\sin n\theta}{n} = \frac{4E_m}{\pi}\left(\sin\theta + \frac{1}{3}\sin 3\theta + \frac{1}{5}\sin 5\theta + \ldots\ldots\right) \tag{3.3.5}$$

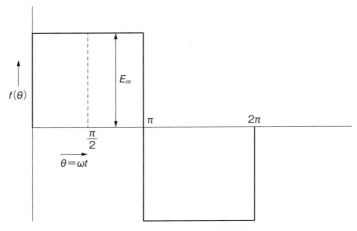

図 3.3.1　連続した矩形波

電圧成分、電流成分のそれぞれの時間領域で考えると、

$$f(\theta)_v = v_1 \sin(\theta + \phi_{v1}) + v_2 \sin(3\theta + \phi_{v2}) + v_3 \sin(5\theta + \phi_{v3}) + \ldots \quad (3.3.6)$$

$$\Updownarrow \qquad\qquad \Updownarrow \qquad\qquad \Updownarrow$$

$$f(\theta)_i = i_1 \sin(\theta + \phi_{i1}) + i_2 \sin(3\theta + \phi_{i2}) + i_3 \sin(5\theta + \phi_{i3}) + \ldots \quad (3.3.7)$$

式(3.3.5)は電圧のみのフーリエ級数展開であるが、式(3.3.6)、式(3.3.7)のように電圧と電流成分とをフーリエ級数展開して、$\Updownarrow$のようにそれぞれの周波数ごとのインピーダンスを計算することができる。矩形波を高調波信号発生できる発振源として使用できるが、高次の高調波の振幅値は低くなるから、高域になるほどS/N劣化の影響が出てくる。

　周波数を掃引してそれぞれの電圧・電流成分からインピーダンスの絶対値、位相を知ることができれば、実数部と虚数部の値を演算することができる。インピーダンスアナライザは周波数の掃引信号発生器を内部に持っているので、インピーダンスの周波数特性が測定できる。

3.4 バッテリとインピーダンス

3.4.1 バッテリの管理

　バッテリの管理というと鉛蓄電池が思い起される。数カ月に一度くらい、液の比重、温度、それと各バッテリの端子電圧の測定を行う。液面をチェックして補水なども重要な作業であった。近年のバッテリは密閉型が多くメンテナンスは楽になった。夜間の放電試験とその直後の均等充電、フローティング充電などにも気を配った。

3.4.2 電池のインピーダンス測定

　インピーダンスというとLCRを組合せた回路や整合回路、アンテナが思い起こされるが、電池においてもインピーダンスが議論されている。電池のインピーダンスとは、電池の溶液抵抗、電荷移動抵抗、そして電気二重層などのキャパシタンスから等価回路を決める。測定周波数を低域の数μHzから高域の数100kHzまで時間をかけてスイープして演算し、著者の好きな円線図を描く（図3.4.1）。等価回路の数式展開は円の方程式になることで説明できる。場合によっては横軸を周波数としてインピーダンスの絶対値と位相特性をボード線図にして表現する。半円の描画が完全な半円にならない部分をCPE（Constant Phase Element）などの係数Pを入れてカーブフィッティングしている。これらの測定結果から電池内部の微視的分析が可能なのか大変興味深い。

　これによって電池の寿命予測や劣化の進行、フローティング充放電などの静的、充放電時の動的な特性評価から運用者に有用なデータが提供されれば設備信頼性が向上することになるだろう。

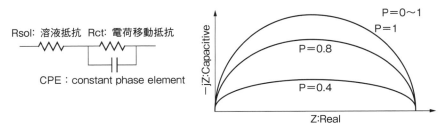

図 3.4.1 等価回路とインピーダンスのナイキスト線図

3.4.3 DOD（Deeps of Discharge）とメモリー効果

　2次電池が満充電の容量に対してどれだけ充電されているかを SOC（State of Charge）という指標で表現する。満充電状態を SOC が 100 ％ という。また DOD（Depth of Discharge）を放電深度といい、完全放電状態を DOD が 100 ％として表す。容量に蓄えたエネルギを 100 ％使うことが一番良い。電池の寿命は電池が使えなくなるまでの時間をいい、設計容量の何％に達するかで評価する。サイクル寿命は 2 次電池が何度充放電を繰返すことができるかを表す指標である。一般的に初期サイクル容量の 70 ％から 60 ％になるサイクルで表す。

　メモリー効果とは 2 次電池を少し使って継足し充電を繰返していると放電容量が低下する現象をいう。ニカド電池、ニッケル水素蓄電池ではこのような現象が見られるが、リチウム電池では起こらないといわれている[3]。PC などをいつも AC で充電しながら使用していると電池だけの運用利用時間が激減することがある。これもメモリー効果である。バッテリは送信装置などの実負荷を賄う場合もあり、自家発装置の起動回路のシーケンス動作やセルモータなどの起動にも利用される。電池は日頃のメンテナンスが欠かせないデバイスでもある。大量に用いる場合には数個のパイロット電池のロギングデータ取得も有効である。

3.4.4 電力の貯蔵方法

電力の貯蔵という観点から考えたとき、ディーゼル発電機やタービン発電機は、重油、軽油などのかたちで蓄えられた化石燃料を電気に変換することでもある。液体燃料であるから移動など搬送には大変便利である。**表3.4.1**は電力の貯蔵形態を簡単に表現したものである。

水力発電は夜間の火力発電などの余剰電力でダムの下に落ちた水を汲み上げて昼間帯のピーク負荷を賄う方法である。フライホールは電力を回転運動に変えて貯蔵する。回転体の摩擦損などが課題である。昔読んだ論文にトンネル内を走行している列車が停電になったとき、トンネルを抜け出るだけの電力確保用にフライホールを利用する方法が述べられていたのを思い出した。超伝導の応用では、超伝導コイルに電流を流すと永久的に直流電流が流れ電力を蓄えることができる原理を利用するものである。圧縮空気による電力貯蔵は、余剰電力で圧縮空気を作りそれを地下の岩盤内に貯蔵しておき、電力需要のピーク時に燃料とともに燃焼させてタービン発電に利用する火力発電の一種。コンデンサや電気二重層キャパシタは静電エネルギを蓄えるものである。しかし大電力の貯蔵には向かない。

表3.4.1 エネルギの貯蔵形態

方　式	エネルギの形態
自家発電装置	燃料
揚水発電	ポテンシャル・エネルギ
フライホール	運動エネルギ
超伝導コイル	電場・磁場
圧縮空気	圧力
高温媒体	熱（火力、地熱）
コンデンサ・キャパシタ	電場
2次電池	化学エネルギ

近年注目され、大規模なソーラ発電システムも建設されているが、夜間の発電はできないから昼間帯に発生した余剰電力は蓄電池に蓄える必要がある。この蓄電装置の設置経費を見込む必要がある。最近ソーラ発電の認可申請が大量にあり電力各社の認可処理が滞っていると聞く。それに比べて風力発電装置は夜間でも発電が可能であり洋上を含めた建設も始まっている。

　放送サービスの視点では、通常は電力会社からの買電で設備運用しているが停電時には簡便に使用できる電力供給装置が要求される。電力会社のような大規模で広範囲な電力の供給の必要は無いから必然的に選択する予備電力の形態は絞られる。また長時間の停電に備えた燃料などの補給形態も確保する必要がある。

3.5 フィルタの伝送特性と整合

3.5.1 定 K 形低域フィルタ

定 K 形フィルタから議論を始める。逆 L 形であるから**図 3.5.1** の Z_1 はインダクタンス、Z_2 はキャパシタンスで構成される。入力端の影像インピーダンス Z_{oT} と出力端の影像インピーダンスを $Z_{0\pi}$ とする。

影像インピーダンスとは、鏡を置いたときに左右のインピーダンスが共役の関係になっているということもできる。

$$Z_{oT} = \sqrt{\frac{Z_{11}}{Y_{11}}} = \sqrt{Z_1 Z_2 \left(1 + \frac{Z_1}{Z_2}\right)}$$

$$Z_{0\pi} = \sqrt{\frac{Z_{22}}{Y_{22}}} = \sqrt{\frac{Z_1 Z_2}{1 + \frac{Z_2}{Z_1}}} \tag{3.5.1}$$

$$\coth \theta = \sqrt{Z_{11} Y_{11}} = \sqrt{1 + \frac{Z_2}{Z_1}} \tag{3.5.2}$$

$$\sinh \theta = \frac{1}{\sqrt{\coth^2 \theta - 1}} = \sqrt{\frac{Z_1}{Z_2}} \tag{3.5.3}$$

$$\cosh \theta = \frac{1}{\sqrt{1 - \tanh^2 \theta}} = \sqrt{1 + \frac{Z_1}{Z_2}} \tag{3.5.4}$$

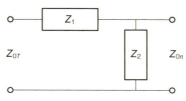

図 3.5.1　逆 L 形回路

Z_1 と Z_2 の間には、

$$Z_1 Z_2 = R^2$$
$$R = 定数 \tag{3.5.5}$$

R の代わりに K とおいたので、定 K 形フィルタ (constant K type filter) という。

$$Z_1 = sL_1$$
$$Z_2 = \frac{R^2}{sL_1} = \frac{1}{sC_2} \tag{3.5.6}$$

$s = j\omega$ とすれば、

$$Z_{0T} = R\sqrt{1 - \omega^2 L_1 C_2}$$
$$Z_{0\pi} = \frac{R}{\sqrt{1 - \omega^2 L_1 C_2}}$$
$$\cosh\theta = \sqrt{1 - \frac{1}{\omega^2 L_1 C_2}} = \sqrt{1 - \omega^2 L_1 C_2} \tag{3.5.7}$$

L 形フィルタの各素子を求めると以下のようになる。

$$L_1 = R/\omega_0$$
$$C_2 = 1/\omega_0 R$$
$$\omega_0：遮断周波数 \tag{3.5.8}$$

低域フィルタの特性は、高域の周波数において負荷に出力される電圧は減衰する。周波数が高くなると、入力端の影像インピーダンス Z_{0T} は高インピーダンスに、出力端の影像インピーダンス $Z_{0\pi}$ は低インピーダンスになる。このような領域ではフィルタの整合条件は満足されない。

3.5.2 ブリッジド T 回路のノッチ特性

図 3.5.2 は 3dB カップラとしても活用するブリッジド T 型回路である。この回路のアイソレーションを見ると設計周波数での伝送特性ノッチが得られる。

回路を Δ—Y 変換するすると、Z_c のアームに負性抵抗が生まれる（図 3.5.3）。そのため Z_d との直列インピーダンスは短絡となる（図 3.5.4）。

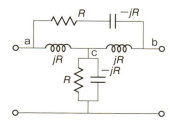

図 3.5.2　ブリッジドT型回路

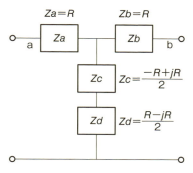

図 3.5.3　Δ-Y 変換後の各アームのインピーダンス

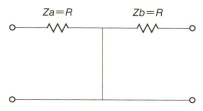

図 3.5.4　ノッチ特性の各端子のインピーダンス

3.6 アッテネータの減衰量

3.6.1 ラダー回路の減衰器

ラダー抵抗減衰器の入力抵抗は出力の負荷抵抗と同じに設定される。図 3.6.1 は 45 度の補助線を使うと簡単に値を求めることができる。

3.6.2 抵抗器の整合と減衰器

負荷抵抗が R0 の回路で R1、R2 の抵抗素子で電源から見た抵抗を R0 にした回路を図 3.6.2 と図 3.6.3 に示した。

負荷抵抗値と、回路の入力抵抗は R0 で等しい。減衰量は R1 と R0 の電圧

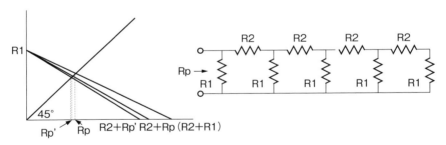

図 3.6.1 抵抗のラダー回路の合成値の収束

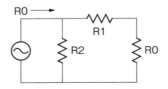

図 3.6.2 抵抗素子の減衰器①

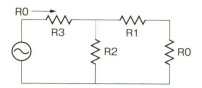

図 3.6.3　抵抗素子の減衰器②

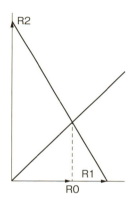

図 3.6.4　抵抗減衰器①のベクトル

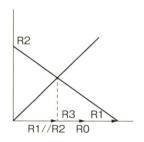

図 3.6.5　抵抗減衰器②のベクトル

分割比で決定される。要求に応じて、負荷抵抗値と入力抵抗値は任意に選択が可能である（**図 3.6.4**、**図 3.6.5**）。ある意味では抵抗を用いた整合器とも考えることができる。高周波での減衰器としてはインダクタンスやキャパシタンスを挿入しないために周波数特性、位相特性を有しないという特長がある。抵抗器で構成するから直流から数 GHz までの伝送特性は保証される。

3.6.3 導波管の終端抵抗器と減衰器

図 3.6.6 の終端抵抗器は、導波管の中心に抵抗体が取り付けられていてテーパ構造で整合を考慮している。方形導波管のセンター部分の電界が最大であるから、その部分の減衰を得るため抵抗体はセンターに設置されている。

図 3.6.7 は可変減衰器である。同軸管の横方向のバーを左右に移動させることで減衰量を可変できる。導波管のセンター部分の減衰量が最大となる。

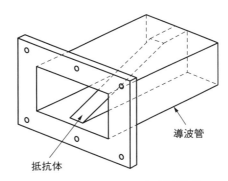

図 3.6.6　導波管の終端抵抗器

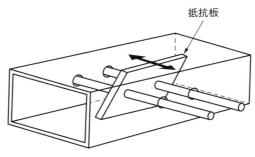

図 3.6.7　可変型減衰器

3.6.4 回転形減衰器

図 3.6.8 の D 部から入った電界 E は A の部分では抵抗体が薄膜構造でありほとんど減衰を受けない。次に B 部の回転減衰器の θ だけ傾いていて電界 E の $\sin\theta$ 成分は抵抗体に吸収される。$E\cos\theta$ 成分は C の抵抗減衰器を通過するが $E\cos\theta\sin\theta$ 成分は抵抗体に吸収される。したがって通過していく電界成分は $E\cos^2\theta$ となる。減衰量は B の回転減衰器の回転角によって決定される。

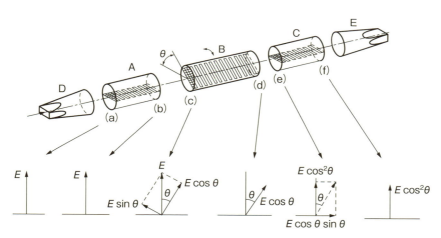

図 3.6.8　回転形減衰器の動作原理

3.7 デジタル信号の伝送と整合

3.7.1 デジタル信号の観測

オシロスコープやシンクロスコープでデジタル波形を観測する場合にプローブを用いる。被測定物に対して影響のない高インピーダンスで接触する方法が必要である。図 3.7.1 は入力抵抗が 50Ω としても入力容量が存在するので入力インピーダンスは低下する。入力容量はストレーキャパシティといって物理的に存在するもので除去することは困難である。測定波形がひずみを受けることもある。

3.7.2 入力電圧の分圧と高インピーダンス

図 3.7.2 はプローブの入力インピーダンスを 10MΩ にするために R1 を 9MΩ、R2 を 1MΩ に見立てた構成とした。C1 は R1 周辺に存在する容量である。

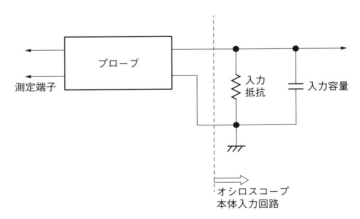

図 3.7.1　オシロスコープの入力インピーダンス

第3章 電子デバイスと整合

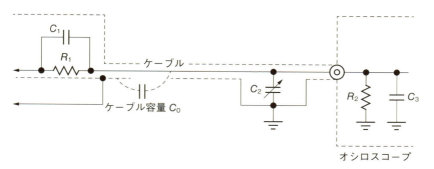

図 3.7.2　分圧プローブとインピーダンス

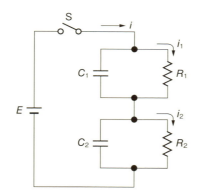

図 3.7.3　周波数特性を持たない組合せ

C3 はオシロの入力のストレーキャパシティ、C2 はこのプローブが周波数特性を持たないようにするための付加容量である。半固定のトリマコンデンサが使われる。

3.7.3　過度特性のない CR 回路

図 3.7.3 はプローブ回路を単純にして、C2＋C3＝C2 として回路電流を計算した。回路に流れる過度電流をそれぞれ計算した結果を以下に示す。

$$i_1 = \frac{E}{R_1+R_2} - \frac{E(R_1C_1-R_2C_2)}{R_1(C_1+C_2)(R_1+R_2)}\varepsilon^{-\frac{R_1+R_2}{R_1R_2(C_1+C_2)}t}$$

$$i_2 = \frac{E}{R_1+R_2} - \frac{E(R_2C_2-R_1C_1)}{R_2(C_1+C_2)(R_1+R_2)}\varepsilon^{-\frac{R_1+R_2}{R_1R_2(C_1+C_2)}t}$$

$$i = \frac{E}{R_1+R_2} + \frac{E(R_1C_1-R_2C_2)^2}{R_1R_2(R_1+R_2)(C_1+C_2)^2}\varepsilon^{-\frac{R_1+R_2}{R_1R_2(C_1+C_2)}t}$$

(3.7.1)

式 (3.7.1) の中の関係を R1・C1＝R2・C2 にするとそれぞれの式の第2項目は0となるから、電流は E/(R1＋R2) で過度的な要素がなくなる。これは分圧器が周波数特性を持たないこということである。また R2 の端子電圧を抽出するとしても微分、積分回路になっていないことでもあり矩形波が保たれることになる。この特性を利用して分圧した信号を帰還したりする場合にも用いる。

3.8 方向性結合器

3.8.1 広帯域での進行波の検出測定

図 3.8.1 はマイクロ波帯の導波管の方向性結合器の例である。主導波管と副導波管の結合量は数 dB から数 10dB に設定される。ただし、主導波管と副導波管の結合穴は $\lambda/4$ の離隔距離を設けているから、当然周波数特性を持つことになる。場合によっては、数個の結合穴を設けて方向性結合器の周波数特性を広帯域化する方法も採用される。方向性結合器のメリットは本線系を切ることなく運用中に伝送信号が測定できることである。負荷として接続されるアンテナ系の入力インピーダンスは、広帯域にわたって一定値ではないから、伝送路の途中に挿入した方向性結合器で空間に放射される進行波のみを捉えることは難しい。

図 3.8.2 は中波帯で用いられている CM 型方向性結合器である。伝送線路の電圧成分をコンデンサの PT（potential trans.）で取出し、電流成分を CT（current trans.）で取出し進行波成分と反射波成分を生成する。アンテナから

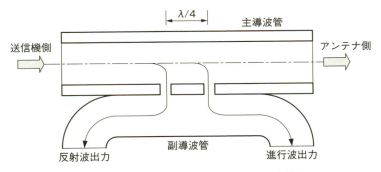

図 3.8.1　方向性結合器（マイクロ波帯）

放射される電波の監視にはこの進行波成分を観測すれば良いことになる。

図 3.8.2 の電圧成分 Ve と電流成分 Vi との位相差は、整合負荷終端時において 90 度であるから、それぞれの電圧のベクトル合成には位相調整器が必要になる。そのため、検出器は周波数依存性があるから、アンテナ負荷で広帯域な伝送特性測定を期待することは困難である。1GHz 程度までの広帯域のスプリアス測定にはフィールド測定が必要になる。

写真 3.8.1 は中波帯の方向性結合器を天井部に設置した一例を示す。高周波電流をピックアップする方法には CT（電流変成器）を用いることもある。電流成分の抽出において外部の擾乱を避けるには変成器によって磁気回路を閉路

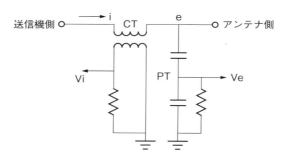

図 3.8.2　CM 型方向性結合器（中波帯）

写真 3.8.1　方向性結合器の設置例

とする必要がある。室内での使用、周辺からの磁界変動要素が無視できれば磁気回路が開路でも使用は可能である。

　一般的にこのような方向性結合器は、VSWR の監視、負荷障害の保護装置のセンサ部に用いられる。ここでも提案のように進行波電圧を観測することでアンテナからの放射する成分を確認する装置としての応用が可能である。ちなみに VSWR（定在波比 voltage standing wave ratio）の劣化した伝送系で電圧もしくは電流のみの観測では伝送信号に波形ひずみが認められる場合がある。

3.8.2　伝送路の VSWR 算出

　線路の VSWR を考えてみる。図 3.8.3 は、同軸線路などで定在波が発生したときの電圧の分布を観測した例である。電圧の最大値と最小値を検出すれば、その電圧の比が VSWR：ρ を示すことは知られている。ここでいう Vmax は、進行波 Vf と反射波 Vr の加算値であり、Vmin は進行波 Vf と反射波 Vr の差分である。このように Vmax と Vmin との位置関係は伝送路上の間隔として $\lambda/4$ 離れているのが特徴である。この点のインピーダンスは、それぞれがリアルパートであることも認識しておきたい。

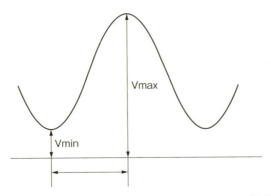

図 3.8.3　$\lambda/4$ の離隔ポイントでの電圧ベクトルの抽出の例

$$VSWR = \rho = \frac{V\max}{V\min} = \frac{Vf+Vr}{Vf-Vr}$$

$$= \frac{1+\dfrac{Vr}{Vf}}{1-\dfrac{Vr}{Vf}} = \frac{1+|\varGamma|}{1-|\varGamma|} \tag{3.8.1}$$

図 3.8.4 は、進行波 Vf と、反射波 Vr のベクトル回転方向が逆として表現したものである。(A) は電圧が最大のとき、(C) は電圧が最小のときである。このときの伝送距離は λ/4 に相当する。それでは、伝送路の離隔距離は同様に λ/4 であるが、それぞれの電圧が最大でも最小でもない場合の VSWR の算出方法について議論を展開する。この条件を図 3.8.5 の (B) と (D) 示す。これらの電圧ベクトルから、進行波と反射波を識別して反射係数 $\varGamma$ を求める必

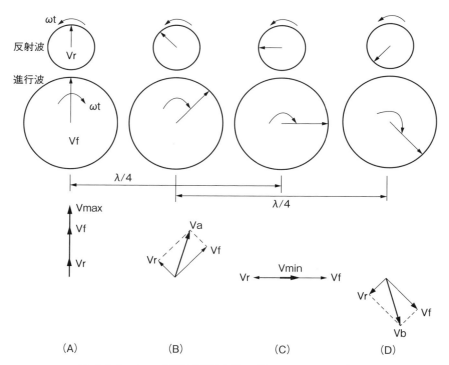

図 3.8.4　λ/4 の離隔距離を持つ電圧ベクトルの表現

第3章 電子デバイスと整合

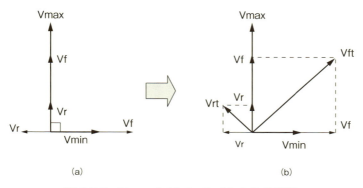

図3.8.5 VmaxとVminのベクトルの置換

要がある。

図3.8.5の(a)のベクトル図は、VmaxとVminの検出位置が$\lambda/4$離れていることを示し、それぞれのVf、Vrのベクトル合成値をVft、Vrtとして表示したのが図3.8.5の(b)である。これから反射係数が算出できるから、VminとVmaxからVSWRが算出できる。

3.8.3 任意の$\lambda/4$差の点におけるVSWRの算出

任意の$\lambda/4$位相差部分での電圧VaとVbを抽出して反射係数を算出してみる。先ほどのVmaxとVminから算出したように単純に電圧比のみからVSWRを得ることはできないのでベクトル合成を行う。先の図3.8.4のベクトル図(B)と(D)は、**図3.8.6**のように描き直すことができる。

VaとVbのベクトルの加算から反射係数Γを求めることができる。

$$\Gamma = \frac{Va - Vb}{Va + Vb} = \frac{(Vf + Vr) - (Vf - Vr)}{(Vf + Vr) + (Vf - Vr)}$$

$$|\Gamma| = \left|\frac{Vr_t}{Vf_t}\right| \tag{3.8.2}$$

$$VSWR = \rho = \frac{1 + |\Gamma|}{1 - |\Gamma|} \tag{3.8.3}$$

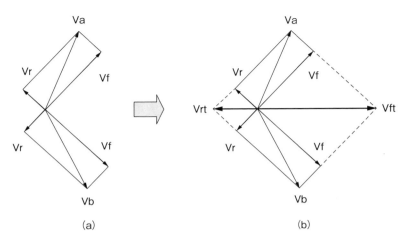

図 3.8.6　Va と Vb のベクトルの置換

第 3 章 電子デバイスと整合

3.9 漏えい伝送線と整合

3.9.1 漏えいケーブルの構造

図 3.9.1 は漏えいケーブルの構造を示した。特性インピーダンスは 50Ω であり送信機からの信号は伝送路に沿って放射される。

線路の上部にある支持線は架空で展張する場合にケーブル本体にストレスが加わらないようにしている。特性インピーダンスの無間長の線路と考えることができる。終端はオープンでも 50Ω 終端でも、末端に電波が伝送されるまでに消滅してしまえば伝送路内の VSWR は発生しないことになる。進行波給電アンテナとも考えられる。図 3.9.2 は、同軸線路の外導体のスリットがジグザグに構成されているものを示した。

3.9.2 閉塞地域での再送信への応用

高速道路などにあるトンネルに入ると放送電波は途切れることがない。これ

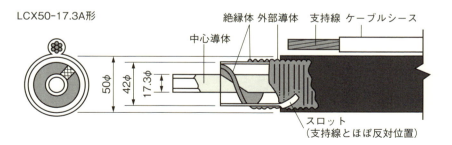

出典：電線技術資料、漏洩同軸ケーブル「住友電気工業株式会社」、1985年

図 3.9.1　漏えいケーブルの構造

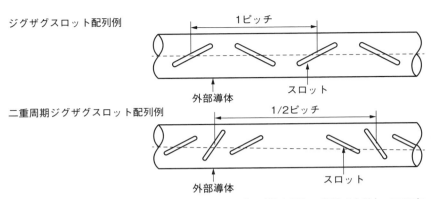

出典:電線技術資料、漏洩同軸ケーブル「住友電気工業株式会社」、1985年

図 3.9.2　スロットの構造

はトンネル内で放送電波を再送信しているからである。中波メディア、FM メディアなども送信している。これはトンネル外でサービスされている周波数とまったく同じである。トンネル内は再送信の波だけであるから混信することがない。

近年では地下街の発展で多くの人々が集う場となっている。このような場所でも再送信設備が必要になってきた。小型アンテナや漏えいケーブルなどでスマートフォンなどへ高い周波数の電波の再送信が行われている。さらに電車などの移動体内での電波確保も要求される。電車も地上を運行するものから地下鉄などの移動体へのニーズもある。

3.9.3　送電線放送

漏えいケーブルではないが、高圧送電線に沿ったかたちで中波の電波サービスを行っている局所もある。送電線が雑音を発生するために送電線近傍の受信対策である。延々と送電線に沿って電波をサービスする。これは送電線にじかに電波を乗せる。数十 kV の送電線に高圧碍子を通して電波を給電する。全国で 3 か所くらいあった。津南町（新潟）、佐久間町（静岡）、三木市（兵庫）な

どである。送電線放送の伝送路は電力線のメンテナンスで幹線を切替えると高周波の負荷インピーダンスが変わってしまう現象があった。

3.9.4 漏えいケーブルの種類

表3.9.1 はメーカの資料である。特性インピーダンス Z_0 は $50Ω$ である。

表3.9.1 漏えいケーブルの種類

品名	ケーブル標準構造					
	中心導体		外部導体	絶縁体	外径 [mm]	
	材質	外径	材質・構成	材質・構成	
LCX50-17.3	鉄アルミパイプ	17.3φ	ラミネート軟アルミテープ	らせん巻 PE 紐 PE パイプ	42	
LCX50-13.0		13.0φ	〃	〃	32	
LCX50-8.0	軟銅又は半硬銅	8.0φ	〃	〃	20	
LCX50-6.0	軟アルミ線	6.0φ	〃	PE 充実	20	

品名	一般電気性能							ケーブル重量 [kg/m]
	ケーブルシース		支持線 (A形)	Z_0 [Ω]	直流抵抗 [Ω/km20℃]		絶縁抵抗 [MΩ-km]	耐電圧	
	材質	外径			中心	外			
LCX50-17.3	黒色PE	50φ	7本/2.6φ	50±2	0.8	1.5	1,000 以上	AC 1,000V 1 分間	1.4
LCX50-13.0	〃	40φ	7本/2.3φ	50±2	1.0	2.0	〃	〃	1.1
LCX50-8.0	〃	27φ	7本/2.0φ	50±2	1.0	3.0	〃	〃	1.0
LCX50-6.0	〃	26φ	〃	50±2	2.0	3.0	〃	〃	0.8

（注）長スパン（架空）布設用には1サイズ大きな支持線（B形）があります。
　　　出典：電線技術資料、漏洩同軸ケーブル「住友電気工業株式会社」、1985 年

3.10 アース回路と整合

3.10.1 アースと整合を考える

図 3.10.1 はデジタル送信機の出力回路である。BPF、整合器に接続される負荷は通常のフィーダであれば 50Ω、150Ω のインピーダンスである。フェライトコアの出力合成部はインピーダンスが低い。線路の損失やアース回路の接地抵抗に配慮しないと出力の効率を低減させる。

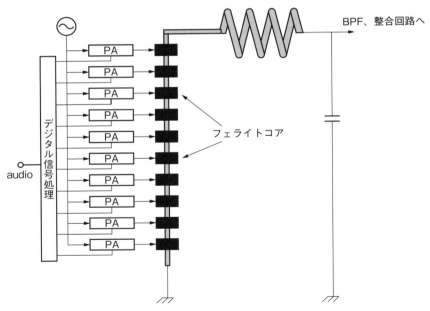

図 3.10.1　デジタル送信機の基本構成

3.10.2 止まり木アースの施工処理

デジタルでもアナログでも共通の対策として機器のアース処理がある。以前、送信機を整備したときに送信装置の床に銅板でベタアースとした。ベタアースであるからインピーダンスはかなり低いはずである。しかし、落雷で数台の固体化PAが壊れたことがあった。デジタル送信機の強みでPAが数台壊れてもサービスには支障がなかったのは不幸中の幸い。その後、いくつかの対策を施したが、その中で最もシンプルな改善点がベタアースを送信機の外側に設置しなおしたことである。以前の方法ではサージ電流が送信機内を通過しやすい構造であったため、内部ユニットに影響を与えたのではとの判断である。これは、単なる思い付きではなく、実際にアース回路にサージ電流発生器でサージを印加して各ユニットへの誘導を観測した。観測も結構大変で測定系の配線や電流印加の仕方で測定結果が変動した記憶がある。

図 3.10.2 のように、送信機の下部に敷設したベタアースを、切り離して送信機の外側に敷設し、アースに対して止まり木方式に変更した。このようにすることで、機器のアースポテンシャルは変わらずにサージ電流は送信機内を通過しない。

3.10.3 アンテナの耐雷

アンテナ基部の耐雷対策は、基部の放電ギャップとドレインコイルが基本であると考えるが、中小電力のように基部に $100\mu H$ 程度のインダクタンスを設置するのが困難な場合もある。そのよう場合には、サージ電流経路のインピーダンスを極力下げる必要がある。HPFの直列コンデンサの耐圧の強化も重要であり、磁器コンデンサを直列に多段に積む方法もあるが、機械的な強度の関係から数が制限される。図 3.10.3 に示すHPFのイメージ図の直列コンデンサは、サージに対しては高インピーダンスとなるから、素子耐圧の考慮が必要である。コンデンサを保護するにはコンデンサの両端にボールギャップを設置す

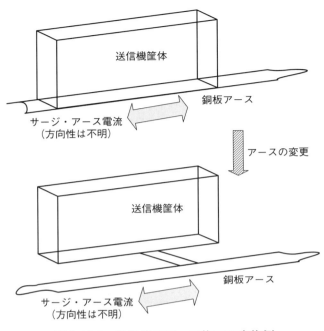

図 3.10.2　送信機のアース施工の実施例

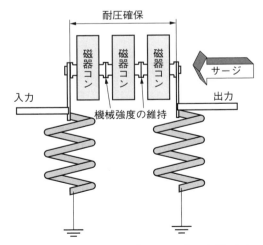

図 3.10.3　HPF の磁器コンデンサの耐圧確保（イメージ）

ることもできるが、それではサージ電流を送信機側に通過させてしまう結果となる。大規模サージに対しては磁器コンデンサが焼損しても送信機を保護することが重要である。

3.10.4 送信機の耐雷とEMC

　アンテナ回路、アース回路、局舎、または、電源回路からの雷サージの流入は充分に考えられる。実際にサージ電流がどのように流れたかを評価するために、アンテナへの給電部に磁鋼片というセンサデバイスを付けて観測する方法がある。多少トラディショナルな方法である。これは、雷サージ電流通過後の帯磁状態を磁石式の検出器で計測するものである。電流の量と方向を知ることができる。ただし、頻繁なサージ電流の通過の後であると、最終的な保持状態での値を測定することになる。

3.10.5 信号系の耐雷と誘導雑音

　耐雷を考えると、信号線をメタルから光ファイバにする方法がある。中波でも一部の装置で高周波信号のドライブ伝送に使用している例もある。ただし、最終的には電気信号でドライブする必要があるから信号処理の前後には、E/O変換と、O/E変換が必要になる。

　テレビの中継送信所では、親局受けの受信所と中継送信機が分離された局所の場合、光伝送を活用している例がある。従来からのアナログ中継送信所での使用実績を受けて、地上デジタル中継送信所でも導入されている。図3.10.4に示すように耐雷対策のために受信所と送信所とを光ファイバで縁切りしている。さらに受信所では、高C/NのE/O変換を実現するためにHA（Head Amp.）に数mWの電力を供給する必要がある。無給電光伝送方式では、光で電気エネルギを伝送する方法を採っている。光から電気への電力変換効率は数10％と低いが、落雷で一気に送受信設備が破壊されることを考えれば、この対策は大変有効である（図3.10.4）。アナログ時代からデジタル時代になって

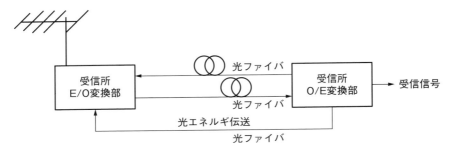

図 3.10.4　無給電光伝送装置の基本構成

も雷との縁は切れそうにないから雷対策は永遠に続くのだろう。中波でも多くの活用が考えられそうである。

　筆者も昔、衛星放送の設備を設計していたときに、IF 伝送に光ファイバを用いたことがある。これは耐雷効果と EMC 対策が中心であった。大電流の流れている電力線と信号線を並行して伝送する場合、トラフ内でも電力線と信号線の離隔距離の確保やセパレータの設置を行うが、この対策が十分でないと電磁誘導で信号線への雑音の乗り移りがありメタル線では万事休すということがある。一般的に静電シールドは比較的容易だが、磁気シールドは大変難しい。銅ラスの半田付け接続一つにも工夫が必要であった。同軸線路（メタル線路）では誘導対策のために、信号の送りと受けでビデオトランスを用いて浮かせる方法もあるが低電圧で大電流が流れている線路の近くでは誘導障害の除去は難しい。その結果、物理的な離隔距離を確保するために経路変更を迫られるか、挙句の果てはアモルファス磁性体シートなどのお出ましとなる。

第4章

集中定数回路と整合

4.1 高雑音領域でのインピーダンス測定

4.1.1 誘起電圧環境下でのインピーダンス特性測定

　高電磁雑音環境下でのインピーダンスの測定例を紹介する。近距離、同一周波数で使用する中波予備アンテナの基部インピーダンスを測定することは、不可能であるといわれていた。中波放送用アンテナのインピーダンス測定には、ブリッジやインピーダンスアナライザを用いた方法が知られている。同期検波方式による高感度位相検出方法などでも、同一周波数妨害波に対して安定した除去能力を得ることは困難であった。今回、測定対象の1つとしたのは、建設中のラジオ送信所のアンテナインピーダンスの測定であった。これと同じような例として、送信所の近傍にある予備アンテナの測定などは自局の放送電波により、被測定アンテナ基部に高誘起電圧が発生している場合がある。このような高誘起電圧環境下では測定器を焼損させる可能性もあり、加えて測定精度を低下させる要因ともなる。従来、アンテナインピーダンス測定を行うためには、夜間放送休止時間帯を設けて測定を実施するか、同一周波数の妨害波が存在する場合には、当該周波数の上下に測定周波数をシフトして測定し、当該周波数でのインピーダンス値を補間して決定する必要があった。

4.1.2 測定器の原理

　妨害波があっても高精度でアンテナインピーダンスが測定できる方法を確立した。これにより放送サービスの休止を必要としないアンテナインピーダンス測定法を可能とした。ここではブリッジに測定誤差を与えない高誘起電圧抑圧方法と、同一周波数妨害波が到来する環境下でも高精度に測定信号を検出できる2重直交検波方式を用いた測定方法の概要を紹介する。

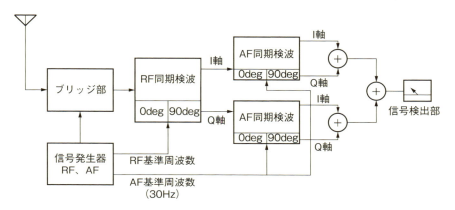

図 4.1.1　2 重直交同期検波回路

　図 4.1.1 は 2 重直交検波方式の概要である。図 4.1.1 において、アンテナに誘起した妨害波と発振部からの測定信号とが同一周波数（f_0）とした場合について説明する。

　ブリッジ部の信号源に測定信号を加え、アンテナインピーダンスと平衡が取れたとき、ブリッジから検出された測定信号成分は最小になる。しかし、妨害波が誘起している環境下では測定信号の検出ができないため、30Hz の認識信号（以下、認識信号と略す）を搬送波抑圧振幅変調し測定信号として用いる。ブリッジ部で検出された妨害波と測定信号との合成信号は RF 直交検波部（RF detector）、および音声帯直交検波部（AF synchronous detector）で 2 重直交検波する。いずれの直交検波部も I 軸および Q 軸の直交信号を出力する。抵抗、キャパシタンス、およびインダクタンス素子で構成されているブリッジ部では平衡状態に調整する過程で検出される測定信号の振幅と位相が変化するため、希望信号のエネルギを取り出すために直交軸検波が必要となる。I 軸、Q 軸の出力信号は、妨害波信号と認識信号の合成波である。次に、認識信号を基準とした AF 直交検波部で直交軸検波することで合成波から認識信号成分に比例した直流電圧を I 軸、Q 軸の直交軸から出力させる。これら直流電圧の二乗加算値はブリッジ部で検出された認識信号のエネルギに比例しており、二乗加算値が最小となるようブリッジ調整することで被測定アンテナのインピーダンス

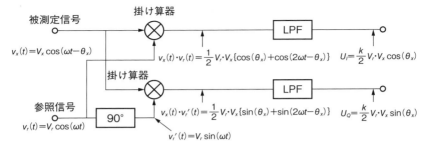

図 4.1.2 同期検波の原理的な回路

が測定できるのが本方式の特長である。

図 4.1.2 は、原理的な同期検波回路である。被測定信号と参照信号の掛け算の出力結果を以下の数式で示した。

$$v_x(t) \cdot v_r(t) = \frac{1}{2} V_r \cdot V_x \{\cos(\theta_x) + \cos(2\omega t - \theta_x)\} \tag{4.1.1}$$

LPF を通すことで、

$$U_I = \frac{k}{2} V_r \cdot V_x \cos(\theta_x) \tag{4.1.2}$$

$$v_x(t) \cdot v_r'(t) = \frac{1}{2} V_r \cdot V_x \{\sin(\theta_x) + \sin(2\omega t - \theta)_x\} \tag{4.1.3}$$

LPF を通すことで、

$$U_Q = \frac{k}{2} V_r \cdot V_x \sin(\theta_x) \tag{4.1.4}$$

$$V_x = \frac{2}{kV_r} \sqrt{U_I^2 + U_Q^2} \tag{4.1.5}$$

$$\theta_x = \tan^{-1}\left(\frac{U_Q}{U_I}\right) \tag{4.1.6}$$

ここで、位相 θ_x に特化した議論をするならば、振幅変調によって生ずる派生的位相ひずみ成分を IPM（Incidental Phase Modulation）という量で測定することが可能である。今回は IPM の解説は省略する。IPM は、振幅変調によ

第 4 章　集中定数回路と整合

って生ずる位相ひずみを議論するときに有効な測定量である。

4.1.3 インピーダンスの決定

　各 AF 同期検波出力電圧の加算により妨害波が抑圧されたかたちでの測定信号の中から変調波エネルギ成分を取り出すことができる。この検出信号は測定信号の変調波エネルギ成分と比例関係にある。検出信号はブリッジ部の出力から妨害波を抑圧して取り出された測定信号成分である。すなわち、測定信号エネルギを妨害波の中から高精度に抽出した成分となる。通常のブリッジ調整の様に検出信号が最小になるようにブリッジ部を平衡調整すれば、ブリッジの読値からアンテナインピーダンスの実数部、虚数部を決定することができる。本装置では妨害波の抑圧 D/U 比は－50dB が得られた。

4.1.4 性能の評価方法

　開発した 2 重直交検波方式と従来型の検波方式で実施した測定値の比較を行った。また、妨害波の有無による測定値の違いも併せて検証した。製作した測定器と従来型測定器、さらにインピーダンスアナライザを用いて同一インピーダンスを各種妨害波重畳条件で計測して測定結果を比較した。測定したインピーダンスは Z＝R±jX であるから、リアルパートと j パート全体で評価するため、測定した各インピーダンス値を使って反射係数を算出した。次に VSWR を算出して、その結果から便宜的に 1 を引いて％で表示する方法を考えた。比較側と参照側（基準とする装置の測定結果）のインピーダンス値がまったく等しければ、反射係数 $\varGamma$ はゼロになるからエラー ρ_{error} はゼロとなる。

　比較的合理的な誤差の評価方法と考えている。

$$\varGamma = \frac{Z_{doub.} - Z_{conv.}}{Z_{conv.} + Z_{doub.}} \tag{4.1.7}$$

$$\rho_{error} = \left\{ \left(\frac{1+|\varGamma|}{1-|\varGamma|} \right) - 1 \right\} \times 100 \tag{4.1.8}$$

ただし、
Γ：反射係数（比較するインピーダンスから算出）
$Z_{doub.}$：二重直交検波方式によるインピーダンス値
$Z_{conv.}$：従来型検波方式によるインピーダンス値
ρ_{error}：誤差（％）

2方式の測定器の比較には、疑似インピーダンス回路を構成して回路に同一周波数の妨害波を重畳して行った。妨害波重畳された状態では、従来方式の測定では不可能であったのに対して、新しく開発した2重直交検波方式では、妨害波の有無に関わらず測定が可能であることを検証した。測定結果から測定誤差は最大でも1.7（％）であり測定精度は保証されると判断した。また、2重直交検波方式の対妨害波比は、－50dBという値を得ている。測定評価の結果をまとめると以下のようになる。

① 測定誤差　：1.7（％）以下
② 対妨害波比：約－50dB（測定信号：妨害波比）
③ 微少測定信号を用いるため周辺受信エリアへの影響はない。

4.1.5 測定結果と測定方法の応用展開

誘起電圧抑圧回路と2重直交検波方式のインピーダンスブリッジは以下の測定への展開が考えられる。
① 2重給電装置を使用した状態での整合調整
　　（片側のメディアを運用中に測定が可能）
② 放送機の負荷インピーダンス測定
　　（現用／予備方式の場合、待機側装置の測定が可能）
③ 予備放送所アンテナの測定
　　（予備アンテナ、非常アンテナの測定が可能）
④ ステレオ放送局でも活用可

第 4 章　集中定数回路と整合

（ステレオ方式を採用している民放においても使用可能）本測定信号の検出方法は、単一軸の信号抽出ではなく I、Q 両軸の検波出力から測定信号のベクトル全体を積分して測定信号のエネルギ検出を行っている。したがって位相方向に情報があっても問題はない。

開発した高誘起電圧環境下における中波アンテナインピーダンス測定装置を紹介した。ブリッジに測定に誤差を与えない高誘起電圧の妨害波抑圧方法と、妨害波と測定信号が同一周波数であっても積分効果を使って測定信号を高感度で検出できる 2 重直交検波方式を開発し、高確度でアンテナ定数を決定することを可能とした。緊急時、非常時など、ラジオ放送への期待が高まる中で放送の休止が難しい状況となった。本測定器の開発により、親局放送中に予備アンテナのインピーダンス測定が可能となった。

4.2 インダクタンスとキャパシタンスで整合をとる

4.2.1 LCを使って整合をとる

　集中定数回路の整合回路をみると、L：インダクタンス、C：キャパシタンスを用いている。整合とは負荷のインピーダンスに入力のインピーダンスを合わせることである。一般的にリアルパートに合わせることになる。整合器の途中で切り離して送り側と受け側で整合を見る場合には、共役インピーダンスとして観測する特殊な場合もある。抵抗素子で整合をとることも可能である。しかし伝送路は損失回路となるから減衰器となる。簡単には整合回路で損失を生まないようにしてインピーダンスを整合するためには、リアクタンス素子を用いることになるのだろう。分布定数回路で整合をとる場合にも、スタブなどはインダクタンスやキャパシタンスとして作用している。

4.2.2 ベクトルの演算

　図 4.2.1 は、ベクトル $\vec{Z_1}$ と $\vec{Z_2}$ の除法を指数関数で表現したものである。

　任意の複素数 $\vec{Z_1}$ を複素数 $\vec{Z_2}$ で除すると、"その大きさは被除数の絶対値 Z_1 を除数の絶対値 Z_2 で除した Z_1/Z_2 になり、その位相は (θ_1/θ_2) となる。"という定義がある。

図 4.2.1 からインピーダンスを計算してみると、

$$\frac{\vec{Z_1}}{\vec{Z_2}} = \frac{r_1+jx_1}{r_2+jx_2} = \frac{(r_1+jx_1)(r_2-jx_2)}{(r_2+jx_2)(r_2-js_2)} = \frac{(r_1r_2+x_1x_2)+j(x_1r_2-r_1x_2)}{r_2^2+x_2^2}$$
$$= \left(\frac{r_1r_2+x_1x_2}{r_2^2+x_2^2}\right)+j\left(\frac{x_1r_2-r_2x_2}{r_2^2+x_2^2}\right) \qquad (4.2.1)$$

ここで、2つのベクトルが重なるとした場合に虚数項は 0 とおけるから、

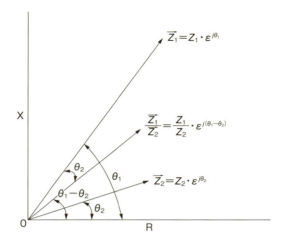

図 4.2.1　ベクトルの商の指数関数表示の例

$$\frac{\overrightarrow{Z_1}}{\overrightarrow{Z_2}} = \left(\frac{r_1 r_2 + x_1 x_2}{r_2^2 + x_2^2} \right) \tag{4.2.2}$$

と実数の条件が見いだされる。

結果的に、jX と Z_1 の並列インピーダンス Z_2 は、一つ目の条件としてベクトル A/B が実数であること。2つ目は、$|A|\cdot|B|=X^2$ のときに Z_2 は、円周に接する。

これらの基本条件を満足するインピーダンスの並列計算を図 4.2.2 に表現した。

図 4.2.2 を用いて並列回路のインピーダンスの証明の一例を紹介する。

3角形 $0XZ_2$ と、3角形 $0Z_2Z_1$ は相似形である。したがって、各ベクトルは、

$X : Z_1 = Z_2 : (Z_1 - Z_2)$

$Z_1 \cdot Z_2 = X(Z_1 - Z_2)$

$Z_1 \cdot Z_2 = X \cdot Z_1 - X \cdot Z_2$

$$\therefore \quad \frac{1}{Z_1} = \frac{1}{Z_2} + \frac{1}{X} \tag{4.2.3}$$

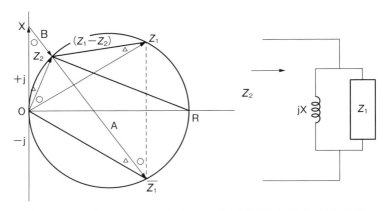

図 4.2.2　ベクトル B はベクトル A と重なり円周上に存在する

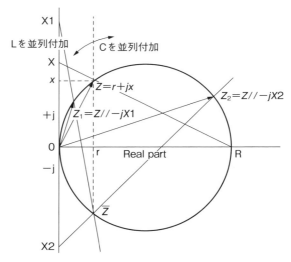

図 4.2.3　並列インピーダンスの表示例

　この証明を基本とおくと、任意のインピーダンスの並列合成ベクトルは、**図 4.2.3** のように単純に、そして機械的に求めることができる。

　任意のインピーダンス $Z=r+jx$ とリアクタンス $X1$ との並列インピーダンス $Z_1=Z/\!/jX1$ は、ベクトル上の共役インピーダンス $\bar{Z}$ とリアクタンス $X1$ を

結んだ直線と円との交点が求める値となる。またZとリアクタンス$X2$との並列インピーダンス$Z_2=Z/\!/-jX2$は、ベクトル上の共役インピーダンス$\bar{Z}$とリアクタンス$X2$を結んだ直線と円との交点が求める値となる。非常に簡単に計算できる。このようにベクトル整合回路の基本が理解できれば、即、実践応用が可能である。

4.2.3 リアクタンスで整合をとることにこだわる

　整合が取れる、LやCの直列回路、並列回路を用いればという前提で議論を進めてきた。集中回路で考え、スミスチャートで考えるときにも、誘導性の円弧、容量性の円弧をトレースしながら解析を進める。基本的にはリアクタンスは熱損失がないから使い勝手がいいのかもしれない。いかようにもLやCの定数は選定できる。不必要に素子を大きく設計する必要はない。リアクタンスはエネルギの蓄積素子かと考える。そのようなことをいうと、アンテナもリアルパートとjパートを持っている。広帯域回路をみると虚数部jは少ない。太い線路のアンテナもリアクタンスが小さい。広帯域アンテナの放射インピーダンスの虚数部は小さい。

　電力の世界に目を向けてみよう。力率という概念が使われている。力率は1がいい。これは有効電力だけ、無効電力（虚数の電力）はゼロである。皮相電力は、有効電力と無効電力を自乗して加算してルートで開けば求められる。この無効電力は送電線路のインダクタンス成分、それを改善するために力率改善用のコンデンサを需要家で設置する。±の虚数同志をキャンセルして実数部だけにすることをしている。これも整合の一種かと考える。電力の内部インピーダンスは低い。送信機の内部インピーダンスも50Ωなんて高い訳はない。内部インピーダンスがそんなに大きかったら増幅器の効率が相当悪くなるはずである。興味深いと思う。これは別の節で解説する。

　整合にはインダクタンスとキャパシタンスを直並列で用いることで直線的、曲線的（円弧に沿って）に任意にインピーダンスの方向を誘導するために必要なデバイスということになる。

4.3 集中定数回路を使った整合

4.3.1 集中定数回路の整合

　集中定数回路で整合を考える場合、構成素子と回路と実物ではそれほどの差異はない。短波回路になるとインダクタンスは銅線路の長さで決まるレッヘル線路などで構成される。コイルのようなスパイラルの線路を見ることは少なくなる。整合回路では任意のインダクタンスを得るためにコイルのタップを変更する。これによって整合回路は微細に調整できる。ここでは、コイルのインダクタンスを可変する方法の1つとしてフラッパー方式を解説する。次にコイルのレアーショート（層間短絡）について考えてみたい。著者は現役時代、いくつかの事例を体験しており、メンテナンスのときなどにコイルクリップ部を特に注意して観察する。

4.3.2 インダクタンスのフラッパーによる可変

　図 4.3.1 で示したフラッパーの可変による全体のインダクタンスの変化量を計算する。一般にフラッパーは、銅やアルミの薄い円板で構成する。

　コイル $L1$ の中に挿入されているフラッパーを M 結合のトランスと置いた回路が図 4.3.2 である。図 4.3.3 は、それを T 型回路に変換したものである。

　図 4.3.3 の等価回路から、各部に流れる電流を計算する。

$$e = j\omega L_1 \cdot i_1 - j\omega M \cdot i_2 \tag{4.3.1}$$

$$0 = (R + j\omega L_2) \cdot i_2 - j\omega M \cdot i_1 \tag{4.3.2}$$

入力のインピーダンスは式(4.3.1) と、式(4.3.2) から

$$Z = \frac{e}{i_1} = j\omega L_1 + \frac{(\omega M)^2}{R + j\omega L_2} \tag{4.3.3}$$

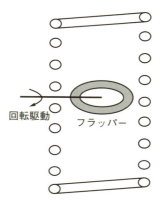

図4.3.1 インダクタンスのフラッパー

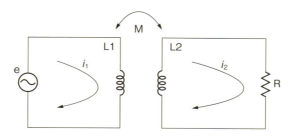

図4.3.2 フラッパー付のインダクタンス等価回路

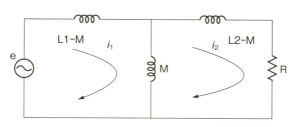

図4.3.3 M結合回路をT型回路に変換

ここで、フラッパーによるインダクタンスの変化量を考える。フラッパーは、銅やアルミ板で作られた短絡環なので抵抗をゼロとおいて考えると、

$$Z = j\omega L_1 - \frac{j\omega M^2}{L_2} \tag{4.3.4}$$

$$= j\omega L_1 - j\omega \cdot k^2 L_1 \tag{4.3.5}$$

ただし、相互インダクタンス M は、

$$M = k\sqrt{L_1 \cdot L_2}$$

$k=$ 結合係数

従って、フラッパー付のインダクタンスは、

$$L = L_1(1-k^2) \tag{4.3.6}$$

と表すことができる。

　結合係数を 0.3 程度としても、インダクタンスの可変範囲は 5 %～10 % 程度である。著者の経験であるが、二重給電素子用の並列共振回路のフラッパー付インダクタンスを調整したときのことである。フラッパーを回転させると漏れ電圧のディップ点がみえたのでこれで調整は OK かと思うと大きな間違い。そのときのフラッパーの角度が問題である。コイルの長手方向に対して、フラッパー位置が垂直か、または水平位置となった場合は疑う必要がある。基本的にはフラッパー位置が傾斜角 45° 付近でディップ点の見いだせる調整が最良である。

4.3.3　コイルのレアーショートによる電流の推定

　図 4.3.4 は、コイルの側面とコイルクリップによってレアーショートの一例を示した。

　ショート電流は、コイルのワンターンが層間で接触することで流れる電流である。層間の電位差は僅かであるが、コイルの抵抗値が低いこと考えると短絡電流は大きな値と推定される。先の図 4.3.3 の等価回路から、フラッパーに流れる電流 i_2 を計算してみる。式(4.3.6) から式(4.3.8) を導く。

$$i_1 = \frac{R + j\omega L_2}{J\omega M} \cdot i_2 \tag{4.3.7}$$

$$e = \frac{j\omega L_1(R + j\omega L_2)}{j\omega M} \cdot i_2 - j\omega M \cdot i_2 \tag{4.3.8}$$

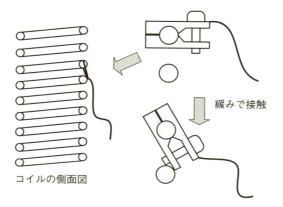

図 4.3.4　コイルクリップの緩みによるレアーショート

$$i_2 = \frac{e}{\frac{L_1}{M}(R+j\omega L_2)-j\omega M} \qquad (4.3.9)$$

ここで、$(R+j\omega L_2)$ が非常に小さいと置けば、

$$i_2 = j\frac{e}{\omega M} \qquad (4.3.10)$$

によって決定される、電流 i_2 が流れる。

　著者は、レアーショートを現場で発見して事故を未然に防いだことが多々ある。レアショート（Layer short）は、レア（Rare）はなくて人為的な発生要因を多く含んでいると考えている。整合調整や清掃点検で、気が付かない間にコイルクリップを触ってしまうことがあり要注意である。点検清掃の後、暫くしてからシステムの不具合で、冷や汗をかく場合がある。メンテナンスには、全身全霊の神経を集中させる必要がある。

4.3.4　コイル端の処理方法

　コイルの端末処理については、**図 4.3.5** のように、調整によって巻き線を全

コイル端の短絡の例

コイル端の開放の例

図 4.3.5　コイル端の処理方法

部使用せずに遊びの巻線を開放させる方法と、短絡する方法がある。短絡すると当然、短絡電流が流れて全体のコイルのインダクタンスは、ワンターン分くらいは低下するとともに損失が発生する。損失によってコイルの Q が低下する。遊びの巻き数が4～5ターンの場合は短絡しないが、遊びの巻き数が多いとオートトランスと同様の原理で、コイル端部に高い電圧が発生する。これによって、コイルの先端部分からのコロナ放電や支持絶縁物の加熱を生じる。遊びコイルが7～8ターン以上であれば短絡したほうが良いといわれている。当然、短絡電流が流れるが、2次側のインダクタンスが比較的大きいので短絡電流も減少する。設計にはコイルの使用巻き数と遊び巻き数のバランスも考慮することが重要である。やはり、適当なインダクタンス値を選ぶべきである。遊びの巻き数の割合が使用巻き数に比べて少なければ、コイル端部の磁束密度は拡散しているので結合係数も小さくなる。

第4章　集中定数回路と整合

4.4 インピーダンスのベクトル整合手法

4.4.1 ベクトル整合手法

　著者がこの手法を見つけたのは、NHK の川口ラジオ放送所に勤務していた頃である。当時、支線を利用した予備アンテナの整合を取る必要があった。アンテナの基部インピーダンスが非常に低く、実数部は数オーム、虚数部が－Jの数百オームであった。当時、周波数が 590kHz であったから、コンデンサ負荷に給電するようなものであった。夜間、インピーダンスブリッジでアンテナ定数を測定し、整合回路を調整するのであるが、なかなか整合過程の道筋が見えない。測定結果を使って素子を調整するが思うようにいかない。そのとき、必要に迫られたのが、整合過程のインピーダンス軌跡をビジュアルに知る方法だった。計算尺や電卓を用いても調整の連続した状態が見えない。数日間、悩んで円線図を用いることを思いついた。しかし、教科書に載っているのは、図 4.4.1 や図 4.4.2 のような r から R への変換過程を円線図で表現するスタティ

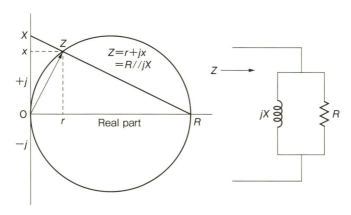

図 4.4.1　抵抗とインダクタンスの並列回路のインピーダンス

141

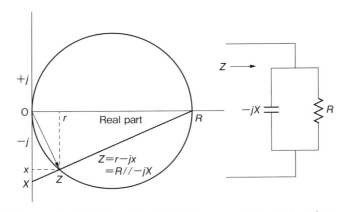

図 4.4.2 抵抗とキャパシタンスの並列回路のインピーダンス

ックな方法であった。以前からインピーダンスをダイナミックに表現したいと考えていた。

アンテナのインピーダンス $Z_1=R_1jX_1$ を、整合器入力で、50Ω、75Ω、または150Ω に調整する場合や、整合回路の段間で虚数部を含む任意のインピーダンスに設定するビジュアルな方法を探すために試行錯誤していた。そのとき、思いついたのが図 4.4.3 である。

図 4.4.3 を用いて Z_1 と X の並列インピーダンスを求めた結果が、任意のベ

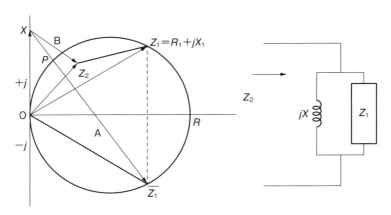

図 4.4.3 Z_1 と X の並列インピーダンスを求める作図の生成

クトル Z_2 になると考える。しかし、この段階で Z_2 が、ベクトル図のどの位置に落ち着くかはわからない。ここで、基本的なことを考えた。リアルパート R とリアクタンス X との並列計算値 Z_2 は、円周上に載るわけだし、さらに並列にリアクタンスを加えることで、それほど遠くには Z_2 ベクトルは飛んでいかないだろうと考えた。**図 4.4.4**、**図 4.4.5** は、ベクトル A、B の関係を探った経過の一部を示す。

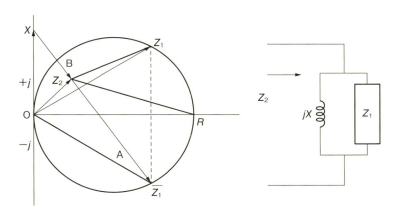

図 4.4.4　ベクトル A と B が重なると仮定した場合

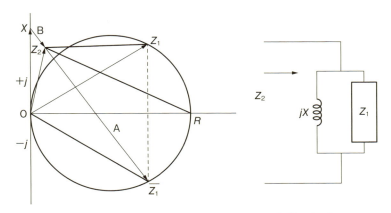

図 4.4.5　ベクトル B を決定するための条件を探す

4.5 L型整合回路

4.5.1 複素数の計算から整合素子を決定

図 4.5.1 の L 型整合回路の全体のインピーダンスを計算し、入力の整合条件を決定する。

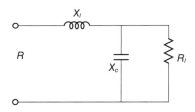

図 4.5.1　L 型整合回路の例

図 4.5.1 の L 型整合回路のインピーダンス Z は以下のように計算できる。

$$Z = jX_l + \frac{-jR_l \cdot X_c}{R_l - jX_c} \tag{4.5.1}$$

$$= jX_l + \frac{-jR_l \cdot X_c(R_l + jX_c)}{(R_l - jX_c)(R_l + jX_c)} \tag{4.5.2}$$

求める整合条件は、

$$R = \frac{R_l \cdot X_c^2}{R_l^2 + X_c^2} \tag{4.5.3}$$

$$R \cdot (R_l^2 + X_C^2) = R_l \cdot X_C^2 \tag{4.5.4}$$

$$X_c^2 = \frac{R \cdot R_l^2}{R_l - R} \tag{4.5.5}$$

$$X_c = \sqrt{\frac{R \cdot R_l^2}{R_l - R}} \tag{4.5.6}$$

したがって、X_l は、

$$X_l = \frac{R_l^2 \cdot X_c}{R_l^2 + X_c^2} \tag{4.5.7}$$

$$= \frac{R_l^2 \sqrt{\dfrac{R \cdot R_l^2}{R_l - R}}}{R_l^2 + \dfrac{R \cdot R_l^2}{R_l - R}} \tag{4.5.8}$$

以上が、各整合素子の X_c と、X_l を求める基本的な方法である。

4.5.2 S を用いた整合方法

整合回路の設計方法としては、島山鶴雄氏のSを使った方法がある。図4.5.1のL型整合回路の設計例を説明する。並列同調回路において、X/R を S として計算するが、S は以下のようにも表現できる。

回路の無効電力は、インダクタンスやキャパシタンスで扱う電力として、$kVA = I_l^2 X_l = I_c^2 X_c$ である。また、消費される電力は、$kW = I_l^2 R$ であるから、S は、

$$S = \frac{kVA}{KW} = \frac{無効電力}{有効電力} \tag{4.5.9}$$

と考えることができる。

これで回路に蓄積されるエネルギと、高周波の1サイクル中に消費される電力は、$S/2\pi$ となるから、S は回路のフライホール効果を表すことになる。図4.5.1で、S を次のように置くと、

$$S = \frac{R_1}{X_c} \tag{4.5.10}$$

$$R = \frac{R_1}{1 + S^2} \tag{4.5.11}$$

$$X_l = R \cdot S \tag{4.5.12}$$

負荷抵抗が R_l、整合回路の入力抵抗（インピーダンス）を R として、S を用

いて計算することができる。計算されるリアクタンスは、周波数の関数であるから最終的には、インダクタンスやキャパシタンスの値に戻す必要がある。この解説では、$R<R_l$の条件で計算した。$R>R_l$の条件となると、コンデンサの設置位置は、抵抗値の高い側に接続することになるから、整合回路の入力側に取り付ける。実際の整合調整は、経験的に図4.5.1のようにコンデンサが負荷側にあった方が楽である。最近は、T型整合回路を利用して整合の調整範囲を拡張することで作業性が向上した。

4.6 π型整合回路

4.6.1 π型整合回路

リアクタンスのアームが π 型を形成しているので、その名がある。負荷 R_1 を入力側からみたインピーダンスが R_2 となるように整合を取るものである（図 4.6.1）。

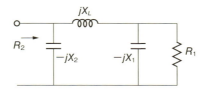

図 4.6.1　π型整合回路

負荷 R_1 に並列にリアクタンス X_1 を接続して、任意のインピーダンス Z にしてから、リアクタンス X_L でインピーダンスを Z_1 に移動する（プロセス①）（図 4.6.2）。Z_1 の共役インピーダンスと $\bar{Z}_1$ とリアクタンス X_2 との並列接続の結果、所要の入力抵抗 R_2 とすることができる（プロセス②）（図 4.6.3）。

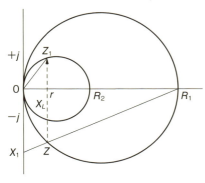

図 4.6.2　π型の整合プロセス①

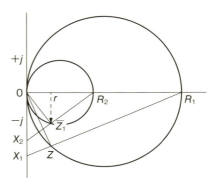

図 4.6.3　π型の整合プロセス②

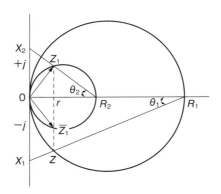

図 4.6.4　π 型整合回路の位相量

$\theta 1$、$\theta 2$ の計算式は以下のとおりである。整合に用いるリアクタンス値を大きくすると、位相量も大きく変化できる（**図 4.6.4**）。

$$\theta_1 = \tan^{-1}\frac{X_1}{R_1} \tag{4.6.1}$$

$$\theta_2 = \tan^{-1}\frac{X_2}{R_2} \tag{4.6.2}$$

トータルの位相量 θ_T は、

$$\theta_T = \theta_1 + \theta_2 \tag{4.6.3}$$

R_1 から R_2 にいく整合プロセスを、さらに数回ベクトル回転させる方法も応用として考えられる。このような方法は、広帯域整合回路として活用できる。π 型とすることで、**図 4.6.5** や **図 4.6.6** に示すように回路の伝送特性が任意に選べる利点がある。したがって、π 型整合回路の場合、R_1 と R_2 を整合する定数は無数に存在する。選定する方法としては、入出力間での所要の位相遅延量、帯域内の伝送特性を基準とする。

第 4 章　集中定数回路と整合

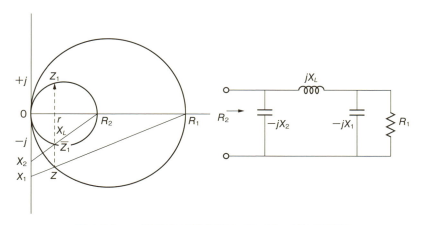

図 4.6.5　π 型整合の総合的なインピーダンス軌跡

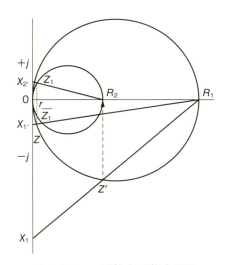

図 4.6.6　π 型整合の整合範囲

4.6.2　π 型整合回路による LPF と HPF

図 4.6.2　LPF（低域フィルタ）構成の π 型整合回路である。一般的に増幅

149

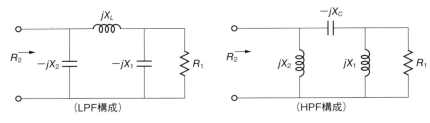

図 4.6.7　π 型の λ/4 回路

素子の出力段に使用して高調波の除去用に用いる。送信機の出力段の整合用である。またインダクタンスとキャパシタンスを逆にした HPF（高域フィルタ）構成も使用する。アンテナ基部に設置してアンテナから流入する雷サージの直流成分をアースに導き、また送信機への流入を抑える効果が期待できる（**図 4.6.7**）。

4.7 T 型整合回路

4.7.1 T 型整合回路

　T 型整合回路は、R_1 と R_2 を整合させるためには、逆 L 型の整合回路から発展して、無数の整合定数の選定が可能である。図 4.7.1 に示す。伝送位相量、帯域特性などを考慮して回路を決めることが可能である。図 4.7.2 には、R_1 と R_2 とを整合するための 2 通りの整合方法を示した。

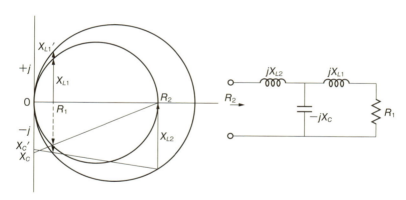

図 4.7.1　T 型整合回路の軌跡（2 通り）

　π 型に比較して、インダクタンスのアーム X_{L1}、X_{L2} の調整が簡単で、整合範囲を広くカバーできる特長がある。

4.7.2 LPF、HPF 構成の選択

　いずれの回路を選択するかは使用する目的によって異なる。LPF 構成では、一般的に送信機の終段において、増幅器で発生する高調波成分を除去する目的

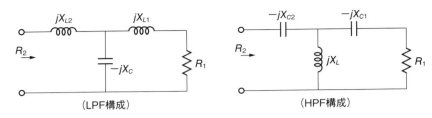

図 4.7.2　T 型整合回路の構成

で使用することが多い。HPF 構成は、アンテナの基部整合回路の付近に設置して、落雷などの低域周波数成分の誘導サージがアンテナから送信機に向かうのを阻止する目的で使用することが多い。

4.7.3　T 型のλ/4 回路

λ/4 回路の各アームは以下のように設定される（図 4.7.3）。

$$|R_1|=|R_2|=|X_{L1}|=|X_{L2}|=|X_C| \tag{4.7.1}$$

$$X_C = 2X_C /\!/ 2X_C \tag{4.7.2}$$

出力負荷がショートとオープンのときの入力インピーダンスを図 4.7.4 に示す。

4.7.4　λ/4 回路の負荷に対する入力インピーダンスの変化

図 4.7.5 は、負荷 R_1 が、高い方向に変化したときの入力インピーダンスの変動軌跡である。

$$|R_0|=|X_{L1}|=|X_L|=|X_C| \tag{4.7.3}$$

$$R_1 \geq R_2 \tag{4.7.4}$$

$$R_0 = \sqrt{R_1 \cdot R_2} \tag{4.7.5}$$

図 4.7.6 は、負荷 R_1 が、低い方向に変化したときの入力インピーダンスの変動軌跡である。

第 4 章 集中定数回路と整合

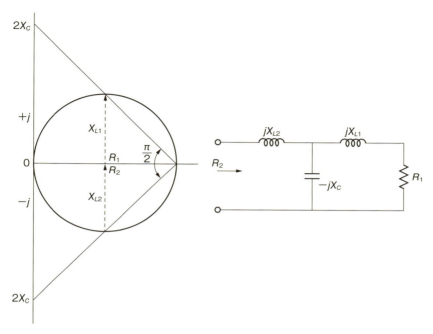

図 4.7.3 T 型 (LPF) 構成の λ/4 回路

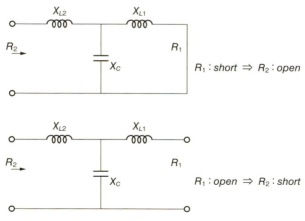

図 4.7.4 T 型・λ/4 回路の入出力インピーダンスの変化

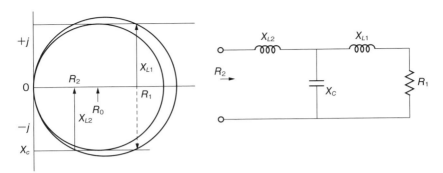

図 4.7.5 T型・λ/4回路の負荷変化に対する入力インピーダンス

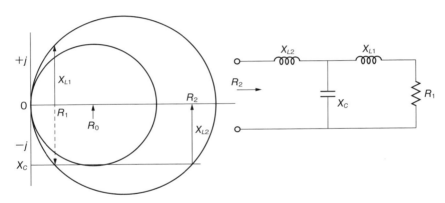

図 4.7.6 T型・λ/4回路の負荷変化に対する入力インピーダンス

$$|R_0| = |X_{L1}| = |X_{L2}| = |X_C| \tag{4.7.6}$$
$$R_1 \leq R_2 \tag{4.7.7}$$
$$R_0 = \sqrt{R_1 \cdot R_2} \tag{4.7.8}$$

4.8 円線図と共役のインピーダンスの関係

4.8.1 インピーダンスを動的に表現する

　抵抗やコンデンサ、インダクタンスの並列回路の表現には円線図を用いる方法が利用される。誘導電動機の解析でも円線図を用いる。誘導モータも変圧器のようなもののため、解析にも利用される。著者が並列抵抗を表現するときに考えたのが、所要のインダクタンスやキャパシタンスが並列にされないときにはどのように表現するかであった。すなわち、インピーダンスの途中の軌跡の表現方法である。試行錯誤をしているうちに、誘導性のインピーダンスをリアルパートに近付けるには容量が必要になることがわかった。簡単な方法として、直列に逆のリアクタンスを挿入すれば実数部が残る。しかし所要の実数部をつくるには円線図を回転させる必要がある。そのためには、直前のインピーダンスの共役ベクトルを取る必要がある。理解を助けるために以下にいくつかの図解例で解説する

4.8.2 負荷の変化と入力インピーダンス

　図 4.8.1 は、負荷のインピーダンス Z_1 が高い方向に変化したときの入力インピーダンス Z_2 の変動軌跡を示した。

$$|R_0|=|X_{L1}|=|X_{L2}|=|X_C| \tag{4.8.1}$$

$$Z_1 \geq Z_2 \tag{4.8.2}$$

$$R_0 = \sqrt{Z_1 \cdot Z_2} \tag{4.8.3}$$

　図 4.8.2 は、負荷のインピーダンスが低い方向に変化したときの入力インピーダンスの変動軌跡を示した。

$$Z_1 \leq Z_2 \tag{4.8.4}$$

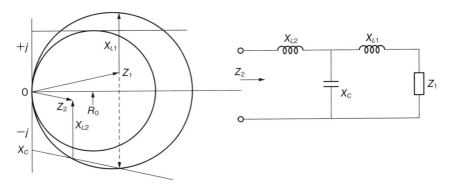

図 4.8.1　T 型・λ/4 回路の負荷に対する入力インピーダンス

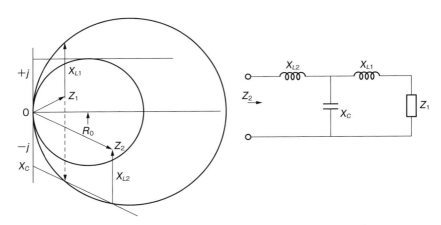

図 4.8.2　T 型・λ/4 回路の負荷に対する入力インピーダンス

$$R_0 = \sqrt{Z_1 \cdot Z_2} \tag{4.8.5}$$

ここで、$Z_1 = R_1 + jX_1$ とすると、Z_2 は以下のように計算できる。

$$Z_2 = \frac{R_0^2}{Z_1} = \frac{R_0^2}{(R_1 + jX_1)} \tag{4.8.6}$$

$$= \frac{R_0^2}{(R_1 + jX_1)} = \frac{R_0^2(R_1 - jX_1)}{(R_1 + jX_1)(R_1 - jX_1)} \tag{4.8.7}$$

第4章　集中定数回路と整合

$$= \frac{R_0^2 \cdot R_1 - jR_0^2 \cdot X_1}{R_1^2 + X_1^2} \tag{4.8.8}$$

これらの解説で、X_c のキャパシタンスを並列にしてインピーダンスを回すときに必ず直前のインピーダンスの共役を取っている。そのままのインピーダンスに並列リアクタンスを付加したのでは求める入力インピーダンス値にならない。ミスをしてそのまま図式解法をしたときの結果は、極端に離隔した値となる。要注意である。しかし、インピーダンスのカスケード回路では、何度も回しているうちに勘違いをすることもある。結果がとんでもない値となる。インピーダンスをどのように動かしているかの履歴を捉えておく必要がある。

前号で述べたように、あるインピーダンスに並列にリアクタンスを付加したときの合成インピーダンスを表現する方法を**図4.8.3**に示した。並列にするリアクタンスが誘導性でも容量性でも自由に応用することが出来る。

4.8.3　並列リアクタンスで回転方向を見極める

図4.8.3は負荷インピーダンスにリアクタンスを付加するときのベクトルの

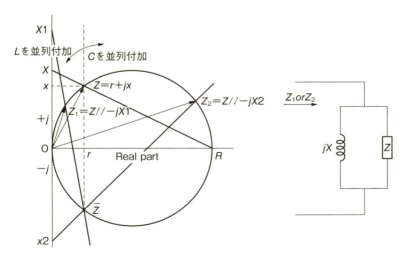

図4.8.3　任意のインピーダンス Z にリアクタンスを並列接続

回転方向を示した。

　この方法でも円線図の回転方向を確かめることができるので、求める回転方向が異なるようであれば、共役インピーダンスの取り忘れが判断できる。

第 4 章　集中定数回路と整合

4.9 インピーダンスの並列合成

4.9.1　インピーダンスの並列計算を考える

　図 4.9.1 に示すように、インピーダンスの並列合成値 Z_P をベクトルを用いて求めてみる。電源回路（送信機側）のインピーダンスは抵抗成分とリアクタンスを想定して Z_1、負荷側のインピーダンス Z は、未整合として、j パートを持った Z_2 にしてある。

　インピーダンス Z_1 と Z_2 を図 4.9.2 に示す。このインピーダンスは仮に設定しただけで、どのような関係であっても構わない。それぞれのインピーダンスが、リアルパートと j パートの並列回路で構成されている状態に戻す。これは、各インピーダンスを構成している R_1 と R_2 を求めてから、その並列合成値を図

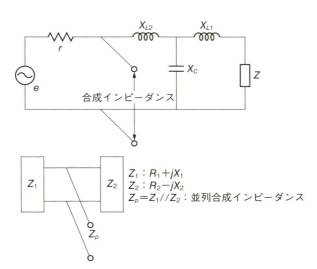

図 4.9.1　並列合成インピーダンス Z_P

159

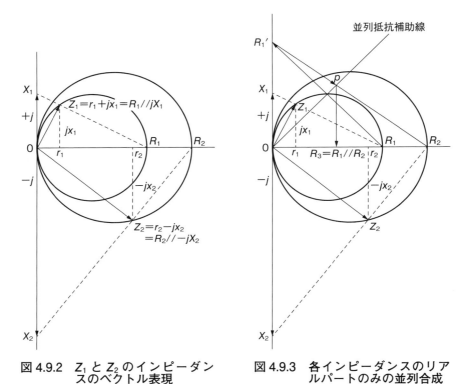

図 4.9.2　Z_1 と Z_2 のインピーダンスのベクトル表現

図 4.9.3　各インピーダンスのリアルパートのみの並列合成

上で算出するためであり、これがインピーダンスの並列計算のポイントである。

　図 4.9.3 では、R_1 と R_2 の並列抵抗を求めるために、並列抵抗補助線を図 4.9.3 中に描く。この補助線は、傾きが 45 度の直線であるから機械的に作図する。次に縦軸（j パート軸）上に R_1 と同じ値の R_1' をプロットする。この R_1-R_1' の直線と先ほどの並列抵抗補助線とは、直交する。この R_1' のポイントと横軸（リアルパート軸）上の R_2 とを結び、この直線と並列抵抗補助線との交点を p とおく。この p 点を横軸におろしてきたポイントが、R_1 と R_2 の並列合成抵抗値 R_3 となる。

4.9.2 並列インピーダンスの図式解法のアプローチ

次に並列インピーダンスを求めるアプローチを2通り示す。どちらの方法で攻めても答えは同じであるため、両方で行えば検算ができる。

まずは方法①を図 4.9.4 で説明する。先ほど求めた R_3 が最大値となる円を描く。次に Z_1 を形成していたリアクタンス X_1 と R_3 とを結び、円周との交点をaとする。aの共役点 $\bar{a}$ と、Z_2 を形成していたリアクタンス X_2 とを結び、やはり円周との交点を求める。この点が求める並列インピーダンス Z_p となる。

次に方法②を図 4.9.5 で説明する。先ほど求めた R_3 が最大値となる円を描く。

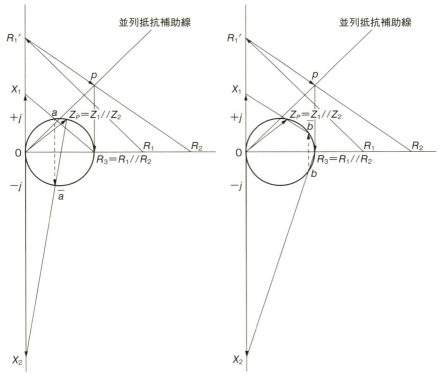

図 4.9.4 並列インピーダンスへのアプローチ①　図 4.9.5 並列インピーダンスへのアプローチ②

次に Z_2 を形成していたリアクタンス X_2 と R_3 とを結び、円周との交点を b とする。b の共役点 $\bar{b}$ と、Z_1 を形成していたリアクタンス X_1 とを結び、円周との交点を求める。この点が求める並列インピーダンス Z_p となる。方法①でも方法②でも、並列インピーダンス値 Z_p へは同じように到達することができる。

並列インピーダンス Z_p を求める全体のプロセスを総合的に描いたのが**図4.9.6** である。複雑そうに見えるが、インピーダンスを構成する抵抗成分の並列合成値を求めておけば、あとは簡単に並列インピーダンスを求めることができる。ぜひ、試してみてほしい。これを使って、並列インピーダンスの片方のインピーダンスがわかっていれば、測定結果から既知の値を引き去ることで、目的とするインピーダンスを求めることができる。インピーダンスの変動要因などを求める手法としても使える。

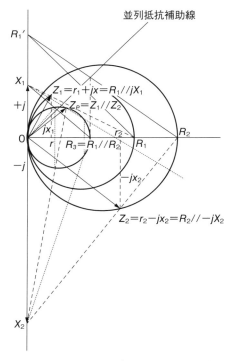

図 4.9.6 並列インピーダンスを求めるプロセス

4.10 自動整合回路の応用

4.10.1 非常災害時の迅速な整合

　非常災害放送の必要性災害時の情報伝達に、中波の送信所の建設が急がれる場合が多い。災害は忘れた頃にやってくるというから油断はできない。町を歩いていると、風呂屋の煙突、NTTの基地局の鉄塔、大きなビル、電力会社の鉄塔などを横目で見ながら、あれに傾斜型でワイヤーを張ったら基部インピーダンスがどれくらいかと思ったり、接地された鉄塔にシャントフィードしてみたい衝動に駆られる。災害時には大型のクレーンは出払っているかもしれないがクレーンで中波アンテナを張るのも有効である。高い煙突なども非常アンテナとして魅力的に映る。気球も良いかもしれないが、風に流されることを考慮しないとインピーダンスが変動して苦労しそうである。緊急時、前もって予想したマニュアル通りにことが運べばよいのだが、臨機応変な対応も迫られることにもなる。何はともあれ準備は必要である。

　図 4.10.1 は、中波の非常用アンテナの設置のイメージを描いたものである。

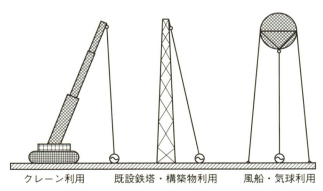

図 4.10.1　非常用の中波アンテナの構築例

日頃からアンテナになりそうな構築物を探して置くのも有効であるし、事前に設置の許可などが得られると安心である。ただし、事前に電波を出して調査となると電波発射の許可等もあり大変であるが、アンテナインピーダンスくらいは測定しておきたい。

図 4.10.2 は、非常用アンテナの設置のイメージである。図 4.10.2 ではドレインコイルなどを想定してあるが、これは耐雷用である。インピーダンス的には有無による影響は少ない。面倒なのが接地の施工である。少なくとも銅線を放射状に 10 数本は張りたい。展張半径も 0.1λ (m) は欲しいところである。また導線の先端部は金属製の杭で地中に固定しておくことが必要である。

図 4.10.3 は、L 型整合と T 型整合を比較したものである。双方の Xp は同じ値として描いた。T 型は、Xp を固定していても L1、L2 のアームで広範囲に任意のインピーダンスに対して整合が可能である。コンデンサを可変しないメリットは大きい。図 4.10.3 からもわかるように、リアクタンス L の値が大きいことで kVA が増加する。整合回路の入出力間の位相遅延も T 型では増加する。しかし 100W 程度の非常用の設備であればデバイスの耐電圧や kVA は問題ないだろう。

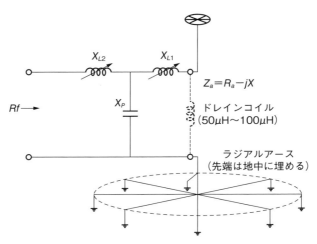

図 4.10.2 非常用アンテナの設置の例

第 4 章　集中定数回路と整合

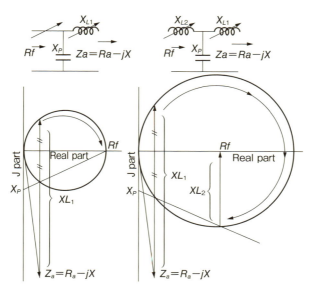

図 4.10.3　L 型整合と T 型整合の例

4.10.2　アンテナ特性の変動と自動整合

アンテナ特性の帯域内 VSWR の特性劣化、環境による特性変動に対して効率的、迅速な整合回路の提案を行ってみたい。図 4.10.4 の回路の負荷インピーダンス Z が何らかの理由で変動したときの対策方法を検討する。帯域内の VSWR の特性、負荷変動が予測できれば、自動整合を含む新しい制御方式が

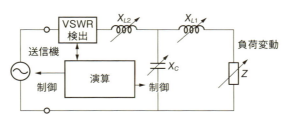

図 4.10.4　負荷インピーダンスの変動と制御

165

考えられる。

4.10.3 自動整合回路の基本

　負荷インピーダンスが何らかの理由で変動した場合、どのように対処するかについてはいくつかの方法が考えられる。自動的に整合が行なわれれば運用は楽である。L型整合回路を用いても、π型、T型の整合回路も選択できる。著者は100Wの自動整合回路の製作から10kWまでの設計・製作を経験したことがある。これらの自動整合回路を使用するのは、現場での特別な工事対応時が多かった。常設するケースは少ない。

　自動整合回路は、一般的にT型回路で構成することが多い。2つのインダクタンスの可変だけで、整合器入力インピーダンスのリアルパートと、Jパートが任意に設定できるからである。インダクタンスLを可変するには、フラッパ方式でもいいが可変範囲が狭いので、ロータリーコイルを用いてインダクタンスの銅パイプ側面を摺動可変する方法を採用した。小電力では送信パワーを印加した状態での摺動可変も可能であるが、10kWクラスでは摺動中にアークを発生するので難しい。インダクタンスの可変中はパワーを断とする方法を採用するか、摺動中パワーを減力してサービスの低下を防ぐ方法も考えられる。応用例としては、アンテナ系の工事、支線工事などがある。大規模工事では、夜間の放送休止を利用するしかないが、軽微な作業ではこれら自動整合の活用も可能である。VSWRの検出、インピーダンスの演算と素子の可変量の決定の動作アルゴリズムは、コンピュータによる方法が簡単であるが、レスポンスの早さを求めなければ回路は構成しやすい。

4.10.4 T型自動整合回路の動作

　図4.10.5はT型回路を用いた自動整合回路である。調整する素子のアームをインダクタンスとすることで、リアルパート、jパートの可変調整を容易にしている。

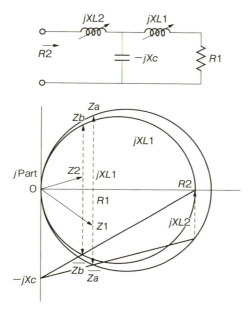

図 4.10.5　T型整合の整合動作の動き

　コンデンサの制御も当然考えられるが、中波送信機では、信頼性の観点から極力固定の磁器コンデンサに置き換えている。外国製品には可変の真空コンデンサ（VVC）などが利用されている例もある。

第5章

分布定数回路と整合

5.1 スミスチャートの活用と整合

5.1.1 スミスチャートを描く

伝送路の解析ではスミスチャートを用いることが多い。伝送路の特性インピーダンスと負荷との条件で伝送路入口のインピーダンスを求めるとき、分布定数線路での整合などには便利である。

反射係数を式（5.1.1）に示す。θ、u、v は任意の点 z の関数である。

$$\Gamma(z) = |\Gamma(z)|e^{j\theta} = u + jv \tag{5.1.1}$$

Z_N は正規化インピーダンスである。

$$Zn(z) = \frac{Z(z)}{Z_0} = \frac{1+\Gamma(z)}{1-\Gamma(z)} \tag{5.1.2}$$

$Z_N(z) = r + jx$ のように表現すると、式（5.1.2）は式（5.1.3）となる

$$r + jx = \frac{1+u+jv}{1-(u+jv)} \tag{5.1.3}$$

$$\left(u - \frac{r}{r+1}\right)^2 + v^2 = \left(\frac{1}{r+1}\right)^2 \tag{5.1.4}$$

(5.1.4) は、中心が u–v 平面上で $[r/(r+1), 0]$ にあり、半径 $(1/r+1)$ の円の方程式を表している。

$$(u-1)^2 + \left(v - \frac{1}{x}\right)^2 = \left(\frac{1}{x}\right)^2 \tag{5.1.5}$$

(5.1.5) は中心が u–v 平面で点 $(1, 1/x)$ を中心とし、半径 $1/x$ の円の方程式である。

図 5.1.1 の (a) と (b) を同一平面上に描いたのが**図 5.1.2** である。これがスミスチャートの基本形である。

スミスチャート上では、半回転で $\lambda/4$、1 回転で $\lambda/2$ である。負荷の正規化

第 5 章 分布定理回路と整合

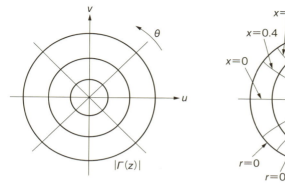
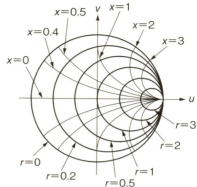

(a) u−v平面上の反射係数　　(b) u−v平面上の正規化インピーダンス座標

図 5.1.1　スミスチャートの構成要素

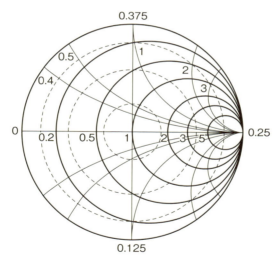

図 5.1.2　スミスチャートの基本形

インピーダンスを計算して、チャート上にプロットして伝送路の長さによる波長を回転させる。電源側に回すのか、負荷側に回すのかは求めるインピーダンスによる。自由空間の伝送路では波長の短縮は考えないが、同軸線路では内導

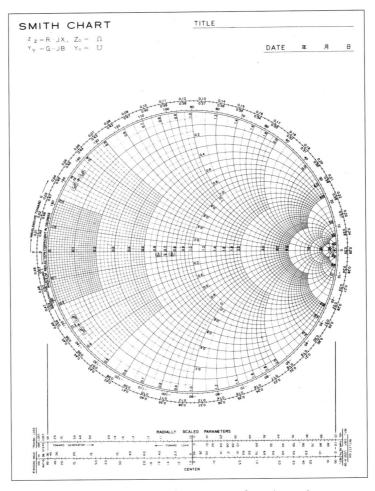

図 5.1.3　一般的に使用されるスミスチャート

体と外導体間の絶縁物としての誘電体の充填物を挿入する。それによって波長短縮が発生する。通常のポリエチレンなどでは短縮率は約 2/3 になる。その分チャート上で回転させる電気長を短くすることが必要になる。スミスチャートでは減衰定数 α を見込んでいないが解析上で配慮することも可能である。

図 5.1.3 は実際用いられているスミスチャートである。

5.2 ハイパブリック sin と三角関数

5.2.1 損失のある伝送路と双曲線関数

伝送線路を図 5.2.1 に示す。任意の点 x における電圧と電流を

$$\left.\begin{array}{l} V_x = V_s \cosh \gamma x - I_s Z_0 \sinh \gamma x \quad [V] \\ I_x = I_s \cosh \gamma x - \dfrac{V_s}{Z_0} \sinh \gamma x \quad [A] \end{array}\right\} \quad (5.2.1)$$

ただし $\gamma = \alpha + j\beta$

γ：伝搬定数　　α：減衰定数　　β：位相定数

電源側入力端のインピーダンス値は、

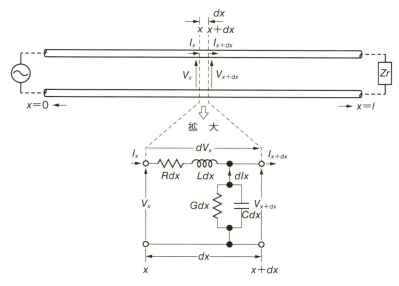

図 5.2.1　伝送路の電圧と電流

$$Z_{in} = Z_0 \frac{Z_r \cosh \gamma l + Z_0 \sinh \gamma l}{Z_0 \cosh \gamma l + Z_r \sinh \gamma l} \quad [\Omega] \tag{5.2.2}$$

ただし、
$$\cosh \alpha = (e^\alpha + e^{-\alpha})/2,\ \sinh \alpha = (e^\alpha - e^{-\alpha})/2$$

双曲線関数：ハイパブリックは γ が複素数となるため解析が面倒である。一般に高周波伝送路 α は、

$$\alpha = \sqrt{\frac{1}{2}\{\sqrt{(R^2+\omega^2 L^2)(G^2+\omega^2 C^2)} - (\omega^2 LC - RG)\}} \tag{5.2.3}$$

$R \ll j\omega L$、$G \ll j\omega C$ と考えられるから、式（5.2.3）の α は 0 とおけるから、$\gamma \fallingdotseq j\beta$ となるので、任意の点の電圧と電流は、

$$V_x = V_r \cos \beta(l-x) + jI_r Z_0 \sin \beta(l-x) \quad [\text{V}] \tag{5.2.4}$$

$$I_x = I_r \cos \beta(l-x) + j\frac{V_r}{Z_0} \sin \beta(l-x) \quad [\text{A}] \tag{5.2.5}$$

x 点のインピーダンスは、

$$Z_x = Z_0 \frac{Z_r \cos \beta(l-x) + jZ_0 \sin \beta(l-x)}{Z_0 \cos \beta(l-x) + jZ_r \sin \beta(l-x)} \quad [\Omega] \tag{5.2.6}$$

x が 0 の点、すなわち伝送路の入力端のインピーダンスは

$$Z_{in} = Z_0 \frac{Z_r \cos \beta l + jZ_0 \sin \beta l}{Z_0 \cos \beta l + jZ_r \sin \beta l} \quad [\Omega] \tag{5.2.7}$$

で与えられる。

　実際の同軸線路は損失を持つが、使用長は数百メータ程度であり減衰量が大きくなるときには開口径の広いフィーダを使用する。損失を加味することは少ないので実用的な三角関数の式が利用される。

5.3 UHF 伝送とマルチパス

5.3.1 VHF から UHF への移行

地上デジタルになって VHF から UHF に移行した。従来の VHF は V–high V–low と呼ばれる新たなメディアが放送と通信の融合のなかで展開されている。デジタルの活用によってマルチパスに対する耐性は大きく向上した。

5.3.2 マルチパスと合成の等価 C/N の算出

遅延プロフィルにおいて基準波から、1番目に現れる遅延波をマルチパス D/U_1、2番目に現れる遅延波をマルチパス D/U_2 とし、図 5.3.1 から等価 C/N_1、C/N_2 を求めることができる（図 5.3.2）。このときの等価 C/N を式 (5.3.1) に示す。

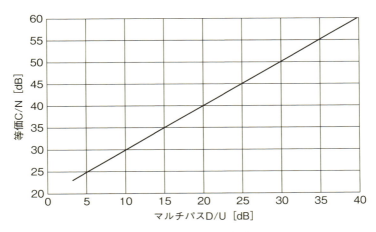

図 5.3.1　マルチパスと等価 CN

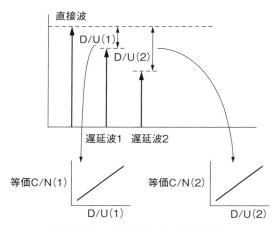

図 5.3.2　遅延波 D/U の求め方

$$\text{等価 C/N} = (\text{マルチパス } D/U) + 20 \quad [\text{dB}] \tag{5.3.1}$$

5.3.3　等価 C/N の加算方法

多段電導における等価 C/N の加算は次のように行う。

$$\frac{1}{\dfrac{1}{C/N_{(1)}} + \dfrac{1}{C/N_{(2)}}} = C/N_{(equivalent)} \tag{5.3.2}$$

C/N(1) が 25dB、C/N(2) が 30dB とすると合成の等価 C/N(equivalent) は

$$\frac{1}{\dfrac{1}{10^{\frac{25}{10}}} + \dfrac{1}{10^{\frac{30}{10}}}} = \frac{1}{\dfrac{1}{316} + \dfrac{1}{1000}} = \frac{1}{4.13 \times 10^{-3}} = 240.1 \tag{5.3.3}$$

$$C/N_{(equivalent)} = 10 \cdot \log_{10} 240.1 = 23.8 \quad [\text{dB}] \tag{5.3.4}$$

と計算できる。

親局受信 C/N(rec.) とマルチパスによる等価 C/N(equivalent) との合計した C/N(total) は、

第5章　分布定理回路と整合

$$\frac{1}{\frac{1}{C/N_{(rec.)}}+\frac{1}{C/N_{(equivalent)}}}=C/N_{(total)} \qquad (5.3.5)$$

トータル C/N(total) は MER などから特定が可能であるから、親局受信 C/N(rec.) を算出するには次式によって求めることができる。

$$\frac{1}{\frac{1}{C/N_{(total)}}-\frac{1}{C/N_{(equivalent)}}}=C/N_{(rec.)} \qquad (5.3.6)$$

地デジ伝送路の場合、ガウス雑音による C/N 劣化やマルチパスなどの劣化も、等価雑音という概念を用いて合成して扱い、受信機入力での C/N 値を規定する。

5.3.4 遅延プロファイル

　遅延プロファイルとは、送信電波を受信し、直接波と遅延波を時間軸上にスペクトラム画像として表したものである。原理としては、伝送信号に付加した信号である SP（スキャッタード・パイロット信号）の周波数レスポンスを IFFT（高速逆フーリエ変換）することにより遅延プロファイルを作成している。アナログ放送の場合は、受信した画像に多重像（ゴースト）が生じるためマルチパスの発生を容易に認識することができるが、デジタル放送の場合は崖効果（クリフエフェクト）という特性があるため、受信画像からではマルチパス発生を段階的に知ることができない。そのため遅延プロファイルの測定が必要となる。

　図 5.3.3 に測定表示の一例を示すが、縦軸が受信した電波の強度、横軸が送られてきた電波の到達時間となる。一般的に親局送信所や中継送信所からの直接電波は到達時間も短く信号強度も強い。受信する信号は干渉がないものが望ましいが、遅延時間の少ない近傍での反射波や、遅延時間の大きな遠方での反射波が観測される。これらは、送信点と受信点間にある構築物や山岳などの反射による複数の伝搬経路からの電波であり、マルチパスという。

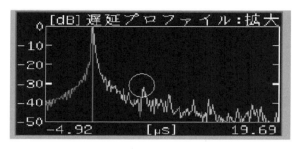

図 5.3.3　伝送路の遅延プロファイル測定例

5.3.5 遅延プロファイルから反射点の特定

　ここでは、遅延プロファイルを用いた反射点の特定を行う。図 5.3.3 の丸で囲んだ部分の反射点を特定してみる。反射点を特定するための式で示すと、

$$反射波の伝搬距離\,[\mathrm{m}] = 3 \times 10^8 \times Delay\,[\mu\mathrm{s}] \tag{5.3.7}$$

　図 5.3.3 の遅延プロファイルからマルチパスの遅延時間は 5.41（μs）と読み取れるので反射波の伝搬路差 1623m と計算できる。この結果を用いて反射点を特定する。**図 5.3.4** は、送受信間の直距離と反射を含む伝搬距離を用いて楕円の中心（腹部）の距離を算出する方法を示した。図 5.3.4 に示すように親局

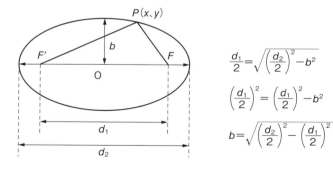

d_1: 送受信間の直距離
d_2: 反射を含む伝搬距離

図 5.3.4　伝搬路距離からの楕円の作図

と測定点との焦点を F′、F とする楕円を描く。これによって楕円の腹部距離 b が算出できる。図 5.3.5 に示すように反射点は楕円の円周に接するすべての反射波が該当することになる。対象とする反射点は山岳や大きな構築物と考えられる。図 5.3.6 に作図した楕円に接する反射波としては、今回実測した地元の

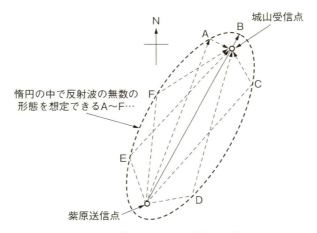

図 5.3.5　楕円による反射点の推定

図 5.3.6　地図上の楕円伝送路における反射点の範囲

179

桜島山腹付近、受信点の後方・周辺の霧島山系、更には姶良町付近の海に突き出した崖などを特定することができた。ただし、ここで用いた受信点のマルチパスは直接波に比べて 30dB と非常に低いため、ほとんど実害は発生しない。これらを踏まえて、地図を利用して地形の確認を行うことで図 5.3.5、図 5.3.6 のように反射点の推定ができる。

5.4 VSWR（定在波比）と DCR（直流抵抗）

5.4.1 直流回路の VSWR

少々唐突であるが直流回路で VSWR を考えてみたい。すなわち直流回路で VSWR が定義できるかということである。負荷抵抗 R と内部抵抗 r とを定義して負荷電圧と負荷電流の電圧成分を ev、ei としてそれぞれの成分を加算、減算して、進行波成分 ef、反射波成分 er を抽出することで反射係数 Γ を計算して、それから VSWR が決定できる。電圧、電流成分は各種センサで取り出すことにする。

直流回路といえども VSWR が決められる（図 5.4.1）。一般的に直流回路では負荷電流の増加は負荷抵抗の低減として理解できるが、最適負荷からのミスマッチングとも定義できる。電源の内部抵抗が低く設計されるから、整合で議論することは少ない。最大電力を取り出す条件が内部抵抗と負荷抵抗が一致し

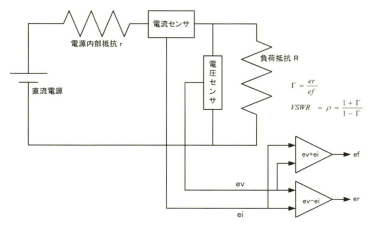

図 5.4.1　直流回路の VSWR を定義する

たときであるとすると、整合状態からずれていることになる。

5.4.2 抵抗の並列ベクトル計算

参考に抵抗の並列計算を行うための方法を図 5.4.2 に示す。インピーダンスのベクトル計算の中で抵抗の並列計算を試みることは少ないが、知っていると意外と便利である。例えば、整合回路にダンピング用の抵抗を入れるなどの計算への展開も想定できる。

並列する各抵抗の値を結ぶ線分と、45°の斜線との交点を求め、各抵抗の目盛りに垂直に落とした値が並列抵抗値である。解説を式（5.4.1）、式（5.4.2）に示した。

$$R2:R1 = Rp(R1-Rp)$$
$$R1 \cdot Rp = R2(R1-Rp)$$
$$R1 \cdot Rp = R1 \cdot R2 - R2 \cdot Rp$$
$$Rp(R1+R2) = R1 \cdot R2 \tag{5.4.1}$$

$$Rp = \frac{R1 \cdot R2}{R1+R2} \tag{5.4.2}$$

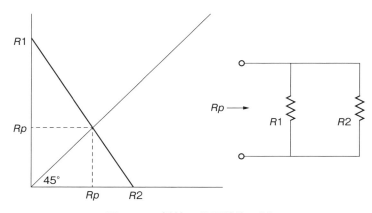

図 5.4.2　抵抗の並列計算の例

第 5 章　分布定理回路と整合

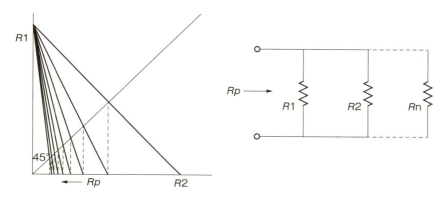

図 5.4.3　n 個の並列抵抗の合成値の収束

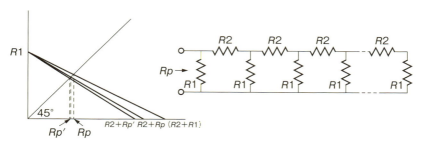

図 5.4.4　抵抗のラダー回路の合成値の収束

図 5.4.3 は、n 個の抵抗を並列合成する方法を図解したものである。また、図 5.4.4 は、ラダー抵抗回路の合成方法を示した。これらの方法もインピーダンスとリアクタンスの並列合成手法に加えて理解しておくと便利である。

5.4.3　抵抗器の整合と減衰器

負荷抵抗が R0 の回路で R1、R2 の抵抗素子を用いて電源から見た入力抵抗を R0 にした減衰器を図 5.4.5 と図 5.4.6 に示した。

183

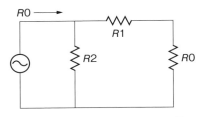

図 5.4.5 抵抗素子の減衰器①

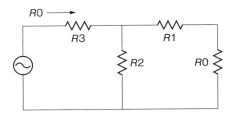

図 5.4.6 抵抗素子の減衰器②

5.5 並行ケーブル、同軸ケーブルの整合

5.5.1 並行ケーブル、同軸ケーブルの伝搬モード

これらの伝送路の電磁波の伝送モードは、TEM（Transverse electro-magnetic wave）である。これは自由空間の電波の伝送モードと同じである。TEM モードとは電波の伝搬方向に対して電界と磁界は直交している。導波管では TE（Transverse electro-wave）モードか TM（Transverse Magnetic-wave）モードまたはそのハイブリッドモードで伝送する。TE モードは電波の伝送方向に対して磁界が存在する。TM モードでは電波の伝送方向に対して電界が存在する。

5.5.2 同軸ケーブルの整合

平衡 2 線式のケーブルも最近は余り使用されなくなった。受信の八木アンテナの放射器が $\lambda/2$ であり、平衡線路である。受信アンテナの根元にバラン（平衡・不平衡変換器）を挿入して同軸ケーブルで接続する。受信ケーブルでは内部はポリエチレンなどの誘電体が充填されている。

図 5.5.1 は送信用の同軸ケーブルの絶縁物支持のインピーダンスを補正するために、内導体の一部を細くするアンダーカット、外導体に食い込むオーバー

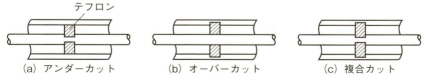

図 5.5.1　同軸ケーブルのインピーダンス

カット、そしてその組み合わせである複合カットがある。

　絶縁物はテフロンを用いることが多い。骨董品級の話であるが、昔、内導体を絹糸で吊っている同軸をみたことがある。外導体側にはスパイラル状の金属が沿わせてあり絹糸で外導体と内導体の離隔距離を保っていた。一般的に同軸ケーブルの内部には乾燥空気や窒素ガスなどが加圧された状態で封入されていた。

　図 5.5.2 は 77D タイプのケーブルの横断面である。内導体も外導体も蛇腹構造でフレキシブルな性能を有している。可撓性を持っているが規格内の曲率半径で曲げないと、損失、機械強度が保証できない。これらのケーブルは CX ケーブルといって、所要の長さ間では途中接続が必要ないから接続部のインナーコネクタの数は激減した。定尺ものの同軸管では、数メータごとに接続部分が

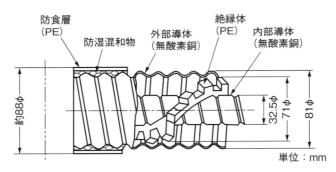

図 5.5.2　同軸ケーブルの内部構造

表 5.5.1　同軸ケーブルの寸法

形名	外導体 内径（mm）	内導体 外径（mm）	防食層 外径（mm）	短縮率%	特性インピーダンス（Ω）
CX-20D	20	9	30	91	50
CX-39D	40	17.2	51	91	
CX-77D	71	32.5	88	94.5	
CX-120D	140	58	148	96.0	
CX-152D	162	66.5	174	96.0	

発生して接触不良に神経を遣う。最近では VSWR の管理のほか、DCR（直流抵抗）を運用中に測定するシステムが導入されている。

　D は特性インピーダンスが 50Ω である（**表 5.5.1**）。型名から外形で大よその寸法が読み取れる。C になると特性インピーダンスは 75Ω である。必要に応じて特性インピーダンスを 150Ω や 300Ω とする場合もある。$\lambda/4$ 整合回路では市販されていない特性インピーダンスも必要となる。

5.6 広帯域整合

5.6.1 λ/4回路の多段化と広帯域化

集中定数回路のλ/4回路を多段にして、それぞれの特性インピーダンスを段階的に変化させることで広帯域整合化を図ることが可能である。**図** 5.6.1 にその方法を示した。

図 5.6.1　λ/4回路の多段化による広帯域化

5.6.2 予測制御方式

負荷のインピーダンス変化が予測できるときには、最適な制御方法が考えられる。制御素子の数を減らす回路の工夫も可能である。最も簡単な例として、アンテナ基部のコイルにフラッパ付を用いてインダクタンスを可変するだけで、降雪時のインピーダンス変化を抑圧した例が報告されている。制御は、VSWRが低下するように行う。これも自動整合であるが、降雪などによるアンテナの特性変化は一定の傾向となることを事前に測定しておけば、補償整合を行うことができる。碍子に雪が付着すると、アンテナのダウンリードなどの線条に雪が付着することによってインピーダンスが変化する。降雪対策として線条に雪の付きにくい塗装をした例もある。2重給電方式の送信所でアンテナ

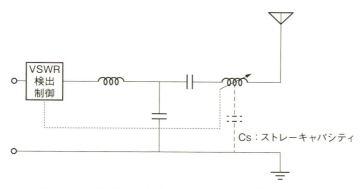

図 5.6.2　直列リアクタンス可変による制御方式の例

高を低く見せるために、ダウンリードを用いたアンテナ側にこの変動が顕著に表れることがあった。

送信機出力を信号源として使ったインピーダンスセンサを使えば、簡単に降雪時の負荷変動方向を知ることができる。このインピーダンスセンサは、送信出力、VSWR、および R+jX の値が表示でき、さらにそれらのアナログデータ出力もコンピュータに取り込むことが可能である。用途は広い。**図 5.6.2** は降雪時のインピーダンス変化を改善する簡易型の自動整合回路の一例を示した。

5.6.3　位相制御方式

ブリッジド T 型回路を用いても負荷の VSWR 劣化の抑圧に対応できる。通常は合成出力をすべてアンテナ側に供給するが、アンテナ側の VSWR の劣化時には、一部の電力を吸収ダミーに消費させる方法である。負荷の VSWR が極端に悪化した場合には、負荷への電力供給の殆どを吸収ダミー側にする。アンテナからの電力輻射がないのだから論外といわれるかもしれないが、送信機へリアクションはなくなる。この電力分配量を送信機間の位相制御で行うというものである。この極端な例をベクトルで解説したのが**図 5.6.3** である。ただし、実際のブリッジド T 型回路の吸収抵抗の許容電力の設計は、フルパワーの 3 分の 1 程度で素子容量を決定しているから、吸収ダミーにフルパワーを食

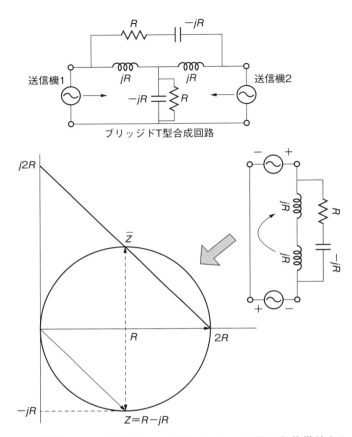

図 5.6.3 位相制御による送信出力の分配（ベクトル図は負荷供給なしの場合）

わせることは困難であると考えたほうがいい。最も実践的な方法は、不整合時に片側の送信機を停止して、片ハイ運転として送信機出力をアンテナと吸収抵抗に分配して送信する方法が考えられる。**図 5.6.4** は、片ハイ運転を示し、そのときの反射係数 Γ、VSWR の計算を示した。緊急事態のときにはこの方法で、命拾いをするかもしれない。

$$\begin{aligned}
Z &= \left(\frac{R}{2}+j\frac{R}{2}\right)+\left(\frac{r}{2}+j\frac{r}{2}\right) \\
&= (R+r)/2 - j(R-r)/2
\end{aligned} \quad (5.6.1)$$

第 5 章 分布定理回路と整合

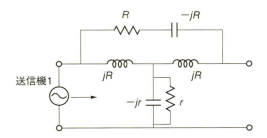

図 5.6.4　片ハイ運転時における動作送信機の VSWR

$$\Gamma = \frac{Z-R}{Z+R}$$

$$= \frac{\frac{(R+r)}{2} - R - j\frac{(R-r)}{2}}{\frac{(R+r)}{2} + R - j\frac{(R-r)}{2}} \tag{5.6.2}$$

$$\rho = VSWR = \frac{1+|\Gamma|}{1-|\Gamma|} \tag{5.6.3}$$

有利となるのは、①制御素子の数が減る、②制御動作の安定化、③信頼性が向上することが挙げられる。また、整合装置に損失を持たせることでも VSWR 変動を緩衝させることが可能である。しかし、送信出力側に損失を与えることは一般的には採用しない。変動の方向性が一定方向の場合や、変動方向が不規則となることも想定される。また、変動が急激に解消する場合もある。それらを総合的に捉えた整合回路の設計手法も考えられる。負荷変動とそれに伴う伝送帯域特性の変動という一過性の現象を扱うためにアイソレータなども研究されている。アンテナなどの変動が季節的に発生する場合や周辺環境の影響を受ける場合などを想定した応用展開が考えられる。

5.7 導波管の特性インピーダンス

5.7.1 導波管の特性インピーダンス

　金属のダクトのような構造を持つ伝送路である導波管を往復線路として扱うことができれば整合などの調整にもスミスチャートの利用が可能である。導波管内の電界 E、磁界 H は式（5.7.1）のように表現できる。

$E = jA \cos(\beta x \sin\theta) \exp(-j\beta z \cos\theta)$

$Z_0 H = A[-i\cos\theta\cos(\beta x \sin\theta) - jk\sin\theta\sin(\beta x \sin\theta)] \times \exp(-j\beta z \cos\theta)$

(5.7.1)

ここで、

　A：比例定数

　β：平面波の位相定数

　θ：平面波の伝搬方向と管軸方向のなす角

　Z_0: 空気の固有インピーダンス

導波管の特性インピーダンスを（5.7.2）のように定義する。

$$Zg = \left|\frac{E_y}{H_x}\right| = \left|\frac{A\cos(\beta x \sin\theta)\exp(-j\beta z \cos\theta)}{-\dfrac{A}{Z_0}\cos\theta\cos(\beta x \sin\theta)\exp(-j\beta z \cos\theta)}\right|$$

$$= \frac{Z_0}{\cos\theta} = \frac{Z_0}{\sqrt{1-\left(\dfrac{\lambda}{\lambda_c}\right)^2}} = \frac{377}{\sqrt{1-\left(\dfrac{\lambda}{2a}\right)^2}} \quad [\Omega] \quad (5.7.2)$$

λ_c は方形導波管の遮断波長で、TE_{01} モードの場合は $2a$ となる。a は方形導波管の長軸方向の長さである。

　単位長あたりの直列インピーダンス Zs および単位長あたりの線間アドミタンスを式（5.7.3）に示した。

$$Z_s = j\omega\mu_0$$

$$Y_p = j\left[\omega\varepsilon_0 - \frac{1}{\omega\mu_0}\left(\frac{\pi}{a}\right)^2\right] = j\omega\varepsilon_0\left[1-\left(\frac{\lambda}{2a}\right)^2\right] \tag{5.7.3}$$

管軸方向の特性インピーダンス Zg は、次のように表現される。

$$Z_g = \sqrt{\frac{Z_s}{Y_p}} = \sqrt{\frac{\mu_0}{\varepsilon_0}} \cdot \frac{1}{\sqrt{1-\left(\frac{\lambda}{2a}\right)^2}} = \frac{377}{\sqrt{1-\left(\frac{\lambda}{2a}\right)^2}} \tag{5.7.4}$$

管軸方向の伝搬定数は式 (5.7.5) で示される。

$$\gamma_g = \sqrt{Z_s Y_p} = \sqrt{j\omega L_s\left(j\omega C_p + \frac{1}{j\omega L_p}\right)} \tag{5.7.5}$$

5.8 導波管の整合

5.8.1 導波管窓による整合

導波管にサセプタンスを付加する方法を図 5.8.1 に示した。上下の絞りの間に電界が表れて静電的エネルギが蓄えられる。

図 5.8.2 では、磁界が絞り方向と直角になっているから絞りに沿って電流が流れる。絞りの間に磁気的エネルギが蓄えられる。

これらの窓を用いることで負荷端から適当な位置に設置して、負荷アドミタンスのコンダクタンス部を導波管の特性アドミタンスに等しくすること、窓の

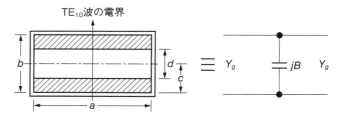

図 5.8.1 導波管の容量性窓

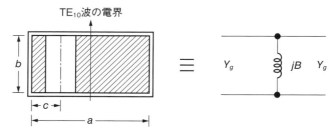

図 5.8.2 導波管の誘導性窓

間隔を調整して負荷アドミタンスのサセプタンスをキャンセルすることが導波管の整合となる。

5.8.2 導体棒

導波管に導体棒を挿入してサセプタンスを実現する。導体棒の長さが管内波長 λg の 1/4 よりも小さいときは容量性となる。長さが $\lambda g/4$ で導体棒は共振する。

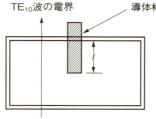

図 5.8.3 導体棒の挿入

導波管を用いたフィルタなどではビスなどが挿入されて、導波管金属部と半田付がされていることもある（図 5.8.3）。調整がずれないように半田付でロックしたりペイントでロックする場合がある。

5.8.3 導波管変成器

断面の寸法が異なる 2 つの導波管を管内電波のモードを変えないで無反射で接続するには、$\lambda g/4$ 形導波管変成器かテーパ形を挿入する。方形導波管を TE_{01} 波が伝搬するときの特性インピーダンス Zg は次の式で与えられる。

$$Z_g = 120\left(\frac{\lambda_g}{\lambda}\right)\left(\frac{\pi b}{2a}\right) = \frac{120\left(\frac{\pi b}{2a}\right)}{\sqrt{1-\left(\frac{\lambda}{2a}\right)^2}} \quad [\Omega] \tag{5.8.1}$$

それぞれの Z_{g1}、Z_{g2} とすれば $\lambda g/4$ の特性インピーダンスは

$$Z_g' = \sqrt{Z_{g1} Z_{g2}} \tag{5.8.2}$$

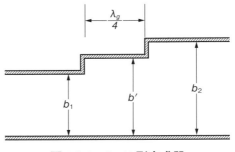

図 5.8.4　λg/4 形変成器

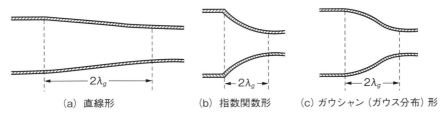

(a) 直線形　　　(b) 指数関数形　　　(c) ガウシャン（ガウス分布）形

図 5.8.5　テーパ形変成器

の導波管を用意して整合をとる（図 5.8.4）。これで整合が行われる。
λg/4 の特性インピーダンスを選ぶか、導波管の縦方向寸法 b の関係が整合を簡便に式 (5.8.3) で表す。

$$b' = \sqrt{b_1 b_2} \tag{5.8.3}$$

5.8.4　テーパ変成器

　導波管断面の寸法を連続的に変えて特性インピーダンスを徐々変化させていくことになる。図 5.8.5 は直進形と曲線形（指数曲線、ガウス分布曲線などがある。）テーパの長さは 2λg 程度に設定すれば反射はほとんど発生しない。

5.9 導波管とアンテナ

5.9.1 方形導波管からの放射

図 5.9.1 は方形導波管からの電波放射を描いたものである。導波管の先端が直接開放されても、端からは電波の放射あるがほとんどはその境界で反射されて導波管内に定在波を生じることになる。反射波は送信側に戻ることになり、導波管の入り口のインピーダンスは導波管の特性インピーダンスとはならない。

VHF や UHF であれば電波放射のための輻射器（ラジエータ）は、一般的にダイポールアンテナを用いるが、導波管では開放端を徐々に開いて自由空間に馴染ませるような構造をとる。同軸線路でも図 5.9.2 のように開放端末を徐々に開きながら、内導体径と外導体径の比を一定に保っておけば特性インピ

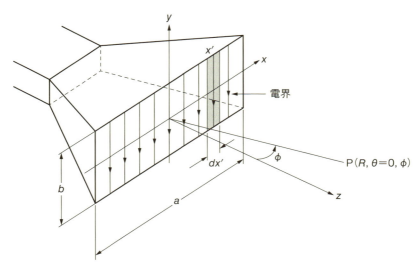

図 5.9.1 方形導波管からの電波放射

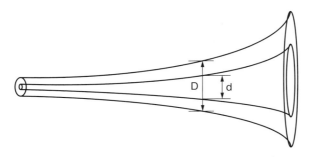

図 5.9.2　同軸線路の空間との整合

ーダンスは変わらないから、同軸線路上の電波は自然に自由空間に放射することになる。広帯域のアンテナである。電磁ラッパやコーンアンテナなども機械構造を徐々に広げて空間との整合を配慮したものと考えることができる。導波管のテーパ構造による整合器もこの種の効果を狙ったものである。方形導波管からの電波放射のエネルギの広がりを図 5.9.3 に示し、放射のイメージを図 5.9.4 に示した。

5.9.2 パラボラアンテナ

　パラボラアンテナをマイクロ波で用いる場合に放射器は導波管の開口部を広

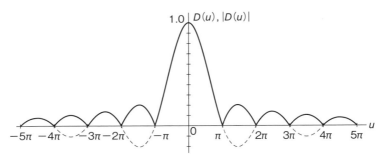

図 5.9.3　方形波導波管からの電波放射のエネルギの広がり

第 5 章　分布定理回路と整合

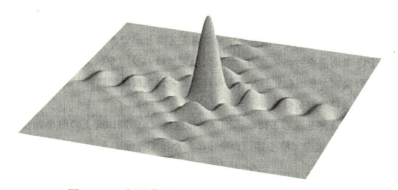

図 5.9.4　方形導波管からの電波放射のイメージ

げた電磁ラッパなどを用いる。図 5.9.5 に示すようにカセグレンとグレゴリアンの違いは、副反射鏡が凸面であるか凹面であるかの違いである。副反射鏡の位置にラジエータを設けることもある。パラボラアンテナではこのような反射面、放射器を主反射鏡の空間を遮蔽してしまうデメリットがある。主開口面が有効に使用されないことになる。衛星の送信周波数が 14GHz から 17GHz に ITU の勧告で変更になった時に著者らはオフセットアンテナを選択したことがあった。副反射器が主開口面を遮蔽しないように配慮した結果である。

図 5.9.6 はパラボラアンテナからの電波の放射である。

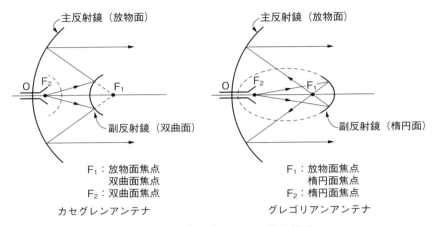

図 5.9.5　パラボラアンテナの構造

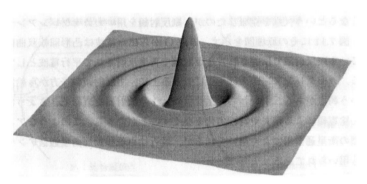

図 5.9.6　パラボラアンテナからの電波放射のイメージ

5.10 TWTA (traveling wave tube amplifier) 進行波管増幅器

5.10.1 電子の速度と電波の速度

　マイクロ波増幅器にはクライストロンがある。クライストロンは高増幅率が得られるが、増幅帯域が狭い。それに比べて TWT は増幅度も高く広帯域である。増幅を行うには、直流電力からマイクロ波のエネルギを貰うか、負性抵抗を利用する方法もある。電子管増幅器では、信号の変化に比べて電子のスピードが速ければ増幅は問題なく行われる。しかし高周波の信号の変化に比べて電子の速度が遅いと電子は充分な応答ができない。それを説明したのがアプルゲート図である。図 5.10.1 は 2 電極間に高周波信号を接続して周波数を変化させたとき、陰極からの電子が陽極にたどり着くまでの電子の速度を示した。

　周波数が高いと、電子は高周波信号の 150 度付近では減速して逆に陰極に戻されてしまう。周波数がより高くなるとこの現象が顕著になる。図 5.10.2 をアプルゲート図という。

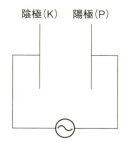

図 5.10.1　2 電極間に高周波信号を接続

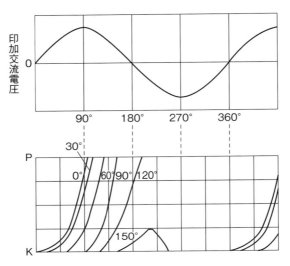

図 5.10.2　陰極から陽極への電子の速度

5.10.2　TWT の動作

アプルゲート図からいうとこのような環境下では増幅は成り立たない。TWT では電子から高周波エネルギに交換する機会をつくる必要がある。

$$\frac{v_0}{c} \fallingdotseq 0.2 \times 10^{-2} \sqrt{V_0}$$

$$\left(\therefore v_o = \sqrt{\frac{2e}{m} V_0} \fallingdotseq 5.93 \times 10^5 \sqrt{V_0} \ [\text{m/sec}] \right) \quad (5.10.1)$$
$$\left(c = 3 \times 10^8 \ [\text{m/sec}] \right)$$

e：荷電量　1.602×10^{-19} ［クーロン］

m：電子の質量　9.109×10^{-31} ［kg］

電圧が $V_0 = 2500(V)$ のとき、電子流の速度 v_0 は電波の 10 %、$V_0 = 10(kV)$ にしても v_0 は電波の 20 %程度でしかない。電子と電波のインタラクションを高めるには電波の速度を落とす必要がある。そのために低速波回路（slow−

第5章 分布定理回路と整合

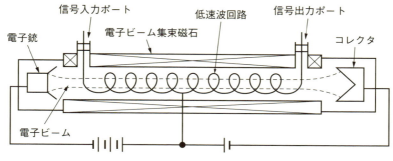

図 5.10.3　進行波管 TWT の構造

wave structure）を用いる。これによって電波が電子の進行方向に伝わる早さを光速度の 1/10 程度にすることが可能となる。

図 5.10.3 は TWT の内部構造である。入力ポートから入った信号は低速波回路と電子ビームとの干渉によって電子のエネルギを電波のエネルギに交換する。出力ポートでは増幅された信号を取り出すことができる。電子ビームは集束磁石によって行われる。低速波回路はヘリックスともいい、基本的には電子ビームが触れないように、すなわちヘリックス電流は流れないように設定される。TWT の劣化によってヘリックス電流が流れると増幅回路をトリップオフするようにしている。

5.10.3　ヘリックスと電子の干渉

ヘリックスの中の電波の正負の信号の変化で電子ビームは加速されたり減速されたりする。電子の速度と電波の速度が近い領域で成り立つ。図 5.10.4 は、ヘリックス内の電磁界の変化と電子とのやりとりを示した。

加速電子と減速電子との重なった領域は電子のエネルギ密度が高くなる。この高いエネルギから電波にエネルギが伝達される。これが TWT 動作のポイントである。長いヘリックス空間の中でエネルギ交換による増幅が進行していく（図 5.10.5）。

203

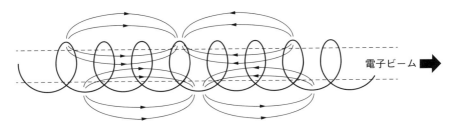

図 5.10.4　ヘリックス内の電磁界の変化と電子

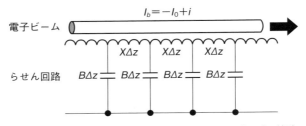

図 5.10.5　TWT 内の電子とヘリックス回路の伝送路

5.10.4　TWT の特徴

1、電子ビームを集束すするために電磁石（または永久磁石）が必要である
2、クライストロンに比べて広帯域な特性を有する
3、マイクロ波管の中では雑音指数が小さい
4、増幅度はヘリックスの長さに比例する
5、マイクロ波管の中では GB（Gain×Band）積が大きい

5.11 マジックT回路の応用

5.11.1 導波管の分岐回路

導波管のH面分岐を図5.11.1に、E面分岐を図5.11.2に示した。
H面分岐は、Cから入力した信号の電界はA、Bに等振幅同位相で分かれる。
E面分岐は、Cから入力した信号の電界はA、Bに等振幅逆位相で分かれる。

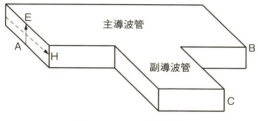

図 5.11.1　H 面分岐

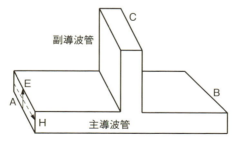

図 5.11.2　E 面分岐

5.11.2 マジックTによるインピーダンス測定

　マイクロ波入力をDから挿入する。Aには標準可変インピーダンス、Bは測定する未知のインピーダンスを接続する。Cには電力計若しくはスペアナを接続する。未知のインピーダンスに標準可変インピーダンスが等しく調整されるとCには出力が出てこない。すなわちこのときの標準可変インピーダンス値が読み取れれば、その値が測定値である。マジックTはインピーダンスブリッジとして動作している。標準インピーダンスを実現するのは難しいので、Aに無反射終端を接続して、Bに未知インピーダンスを接続したときの反射電力がCに現れる。測定した電力をPcとすれば、未知インピーダンスへの入力電力はDからの電力P_Dの1/2であるから、反射係数$\varGamma$は式（5.11.1）で測定できる。

$$Pc = k\varGamma^2 \cdot \frac{1}{2}P_D \tag{5.11.1}$$

但し　　k：マジックT固有の比例定数
　　　　$\varGamma$：反射係数
　　　　P_D：D端子からの挿入電力

導波管Bの特性インピーダンスがZgであれば、未知インピーダンスZは、次のようになる。

$$Z = Zg\frac{1+\varGamma}{1-\varGamma} \tag{5.11.2}$$

　反射係数の大きさしか測れないので、インピーダンスの絶対値のみの測定となる。リアクタンスを求めるには$\varGamma$を複素数で検出する必要がある、このような目的には複素電圧測定回路などを用いる方法がある。

5.11.3 マジックTによる合成器と分配器

　衛星の17GHzの2台のPA出力を合成するのに、マジックT回路を用いた

ことがある。図 5.11.3 の回路の A、B 端子から同相でパワーを挿入して合成出力を D 端子から取り出すことができる。C 端子には位相差分、出力電位差分が出てくる。合成が正確に行われていれば C 端子には何も出力されない。

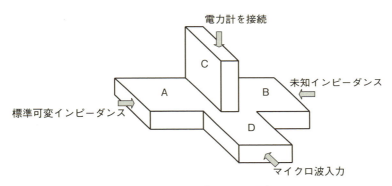

図 5.11.3　マジック T 回路

5.12 アイソレータ

5.12.1 アイソレータとは

　アイソレータは、伝送信号の一方向通過素子である。現在 VHF、UHF、および SHF 帯に関するものは実用化されている。残念ながら中波帯、短波帯でのアイソレータの活用例はなく、新たなアイディアが期待される。非常災害時設置する小型中波アンテナの実数部のインピーダンスは低く、アイソレータは小型中波アンテナ特性劣化の緩衝を目的としている。アンテナの劣化要因とその実装効果をあげる。

・小型アンテナの特性劣化、帯域内特性の劣化、気象条件によるインピーダンス変動
・降雪、風雨、強風、塩害のインピーダンス変動
・非常災害時の中波アンテナ建設の容易化
・小型アンテナ建設時の伝送特性の確保
・高周波溶融装置の負荷安定化

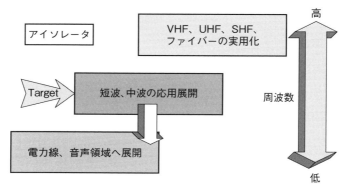

図 5.12.1　中波アイソレータの研究ターゲット

- 半導体溶融時のインピーダンス変動緩衝

図 5.12.1 は今後ターゲットとする中波帯アイソレータの位置付けである。

5.12.2　中波帯アイソレータの実現と課題

中波帯のアイソレータの実現に向けた従来技術との隔壁は、次のような部分があげられる。

- 使用周波数が既存に比べて低い
- 通過ロスが大きい
- 回路の Q が低い
- ドライビング・インピーダンスが低い（1Ω 程度）
- フェライト等の焼結が難しい
- 材料の強磁性共鳴特性 $+\mu$、$-\mu$ の差が小さい

著者らが以前実施した磁歪素子と電歪素子を機械的に接合した装置を用いた研究では、機械振動系を利用することから適用周波数を高めることは難しかった。基本構成を図 5.12.2 に示す。試作アイソレータの測定の一例を図 5.12.3

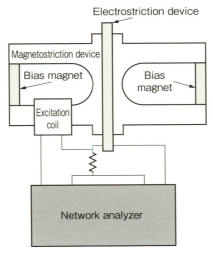

図 5.12.2　電磁歪素子アイソレータ

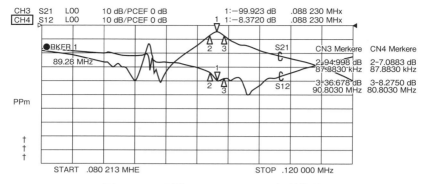

図 5.12.3　試作アイソレータの伝送特性

に示す。また増幅器を巴（ともえ）に組んだ広帯域アクティブサーキュレータ等はマイクロ波領域で研究されているが使用電力を上げることが難しい。

5.12.3　3dB カップラ用ブリッジド T 型回路

図 5.12.4 は中波帯で使用する 3dB カップラである。各アームは LCR の集中定数素子で構成した。図 5.12.4 の中で表現している R は、所要周波数 1MHz で 50Ω と設定した。**写真 5.12.1** に製作した 3dB カップラの外観を示す。

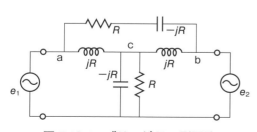

図 5.12.4　ブリッジド T 型回路

写真 5.12.1　3dB カップラ外観
（100W 対応）

5.12.4 ジャイレータの挿入とアイソレータ

中波帯大電力送信機・中電力送信機では、出力合成にブリッジ T 型回路を用いることが多い。今回は 3dB カップラをブリッジ T 型回路で構成した。

急激なインピーダンス変動に対しては、自動整合方式では負荷変動を吸収することは困難である。中波帯のアイソレータやサーキュレータに拘る理由はそこにある。電歪素子と磁歪素子を使った微少電力での中波アイソレータを試作し学会発表したが、100W、1kW を実現するにはブレークスルーが必要である。著者が継続して取組んでいるテーマの一つである。

3dB を用いた方式の基本原理を図 5.12.5 に示した。ジャイレータには片方向性の通過デバイスを求める必要がある。最初に位相器、フェライトデバイス、共振回路、および半導体などの応用を検討した。本研究では位相を効果的に制御してアイソレーション効果を実現する方法を解説する。位相可変方式の疑似アイソレータを図 5.12.6 に示した。

図 5.12.7 は、位相回路がスルー、90 度、−90 度、そして 180 度として、負

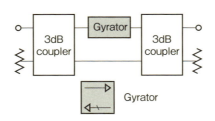

図 5.12.5 アイソレータの原理的な構成の例

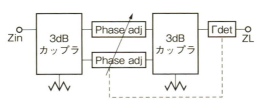

図 5.12.6 位相可変型アイソレータ

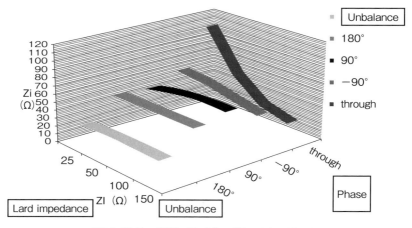

図 5.12.7　負荷インピーダンスと VSWR

荷インピーダンス Zl が 0Ω から 200Ω に変化した場合の入力インピーダンス Zi の値を示した。図 5.12.7 中の「Unbalance」とは 3dB カップラの接続部の両位相器が「through」のときに、アームの片方を開放する方法である。これによるインピーダンスの抑圧効果も認められる。

5.13 サーキュレータ

5.13.1 サーキュレータの動作

サーキュレータは VHF 帯の数十 MHz から SHF 帯まで実用化されている。図 5.13.1 はフェライトを用いタイプのサーキュレータである。入力 1 から入った信号は 2 に出力され、2 から入った信号は 3 に出力され、3 から入った信号は 1 に出力される。ちなみにポート 3 に終端抵抗を接続すればアイソレータとして使用できる。

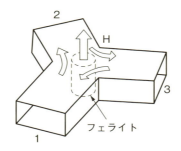

図 5.13.1　サーキュレータの構成

5.13.2 サーキュレータの応用

図 5.13.2 はサーキュレータを用いたアイソレータ応用である。入出力間の干渉を抑圧して VSWR の改善が可能である。

図 5.13.3 はサーキュレータを用いた周波数共用器である。F1 の周波数は反射器で反射されてそのままアンテナに向かう。F2 も同様にアンテナに向かう。アンテナ側での反射があれば各周波数は電源に戻ってくることになる。

図 5.13.4 はブリッジダイプレクサである。特にサーキュレータを用いてい

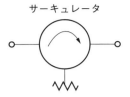

図 5.13.2　アイソレータ応用

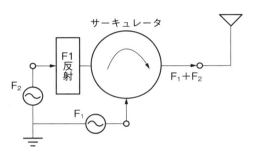

図 5.13.3　周波数共用装置

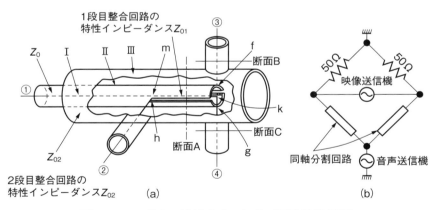

図 5.13.4　ブリッジダイプレクサ（周波数共用器）

るわけではないが、アナログテレビの時代に映像と音声の合成器として用いられていた。アンテナへの出力は③と④の2ポートがあるから、スーパターンアンテナ構成では、NS面、EW面用として給電することができた。

【参考文献】

1. 『電気二重層キャパシタと蓄電システム』岡村迪夫（日刊工業新聞社）1999.3.31
2. 『ノイズ入門』広田修（森北出版株式会社）1991.12.20
3. 『インピーダンスの話』伊藤健一（日刊工業新聞社）1999.11.15
4. 『シャノンの情報理論入門』高岡詠子（講談社）2012.12.20
5. 『電磁波工学の基礎』細野敏夫（昭晃堂）1974.3.20
6. 『放送アンテナと電波伝搬』高橋良監修（日本放送出版協会）1983.4.20
7. 『放送受信技術』高橋良監修（日本放送出版協会）1983.4.20
8. 『放送機』高橋良監修（日本放送出版協会）1983.4.20
9. 『放送送信技術』高橋良監修（日本放送出版協会）1983.4.20
10. 『放送衛星技術』高橋良監修（日本放送出版協会）1983.4.20
11. 『放送におけるディジタル技術』高橋良監修（日本放送出版協会）1983.4.20
12. 『高周波・マイクロ波測定』大森、横島、中根（コロナ社）2007.3.15
13. 『増幅のはなし』倉石源三郎（日刊工業新聞社）1990.6.15
14. 『無線送信機の設計と調整（上巻）』島山鶴雄（近代科学社）1964.8.31
15. 『ソリッドステート・アンプの基礎』宮沢一道（ラジオ技術社）1969.5.15
16. 『ダイオード／トランジスタ／FET活用入門』CQ出版社　2004.10.1
17. 『トランジスタ回路の設計』鈴木雅臣（CQ出版社）2008.2.1
18. 『アンテナ工学』遠藤、佐藤、永井（日刊工業新聞社）1975.6.25
19. 『パワーFET』山崎浩（丸善株式会社）1987.6.30
20. 『マイクロ波入門』立野敏（電気通信振興会）2010.10.
21. 『マイクロ波工学の基礎』平田仁（日本理工出版会）2004.2.10
22. 『無線機器（上巻）』杉山、渡辺、沢田（近代科学社）1969.7.1
23. 『無線機器（下巻）』杉山、渡辺、沢田（近代科学社）1973.10.20
24. 『高周波計測』森屋、関（東京電機大学出版局）2002.12.20
25. 『アンテナおよび電波伝搬』三輪、加来（東京電機大学出版局）2010.2.20
26. 『電子管回路』相馬、河合、松本、石上（近代科学社）1974.5.1
27. 『伝送回路およびフィルタ』矢崎、武部（電子通信学会）1977.1.20
28. 『電波工学』安達、佐藤（森北出版株式会社）2011.2.10
29. 『無線測定演習』阿部、南雲（近代科学社）1970.6.1
30. 『トコトンやさしい無線通信の本』若井（日刊工業新聞社）2013.8.28
31. 『パワーMOSFETの応用技術』山崎浩（日刊工業新聞社）1996.10.15
32. 『トコトンやさしい電波の本』谷腰（日刊工業新聞社）2011.11.25
33. 『空中線（上巻）』谷村功（近代科学社）1970.7.1
34. 『空中線（下巻）』谷村功（近代科学社）1968.6.30
35. 『PLL（位相同期）応用回路』柳沢健（総合電子出版社）1987.2.20

索　引

欧数

16QAM	75
2 重給電装置	130
2 重直交検波方式	126
3dB カップラ	91, 210
64QAM	75
ADSL	68
BPSK（Binary Phase Shift Keying）	76
CM 型方向性結合器	111
CPE	97
CT（current tans.）	111
CX ケーブル	186
DAB	67
DOD	98
DRM	67
E/O 変換	123
EMC	123
E 面分岐	205
FFT（Fast Fourier transform）	76
GB（Gain×Band）積	204
H 面分岐	205
IBOC	67
IFFT	75
IFFT（高速逆フーリエ変換）	177
IPM（Incidental Phase Modulation）	128
L 型整合回路	144
MFN（Multi Frequency Network）	80
NFB	42
O/E 変換	123
OCL（output condenser less）	44
OFDM	67
OTL（output transformer less）	44
PARR	68
PLC	68
PT（potential trans.）	111
QAM 変調回路	75
QPSK	75
SEPP	41, 42
SFN（Single Frequency Network）	79
SOC	98
SP（スキャッタード・パイロット信号）	177
S を用いた整合方法	145
TEM	185
TE モード	185
TM モード	185
T 型整合回路	151
VSWR の改善	20
Δ-Y 変換	88
$\lambda/2$ ダイポール	34
$\lambda/4$ 回路	22
$\lambda/4$ 整合回路	187
π 型整合回路	147

あ行

アイソレーション	90
アイソレータ	191, 208
アクティブサーキュレータ	210
アプルゲート図	201
アモルファス磁性体	124
誤り訂正	77
誤り率	74
アンダーカット	185
アンテナ定数	131
アンテナ特性の変動	165
位相制御方式	189
位相定数	173
一方向通過素子	208
インパット・ダイオード	87
インピーダンスアナライザ	96
宇宙雑音	71
影像インピーダンス	101
エキサ・ダイオード	86
エネルギ交換	203
エネルギバンド	85
円管柱	13
往復線路	192
オーバーカット	185
オフセットアンテナ	199
音声の量子化	48

索　引

か行

ガードインターバル長	79
回転形減衰器	107
外套管（シュペルトップ）	31
ガウス分布曲線	196
崖効果（クリフエフェクト）	177
カセグレン	199
片ハイ運転	190
可聴周波数	2
渦電流	22
過度電流	109
雷サージ	150
雷放電	23
火力発電	99
吸収抵抗	88
共役値	17
共聴受信設備	21
共役インピーダンス	132
矩形波	95
グレゴリアン	199
減衰器	20
減衰定数	28, 173
高感度位相検出方法	126
合成位相量 φ	16
降雪対策	188
広帯域アンテナ	36, 135
広帯域化	188
広帯域整合	13
高調波成分	151
高電磁雑音環境	126
高誘起電圧	126
ゴースト（Ghost）	79
コーンアンテナ	198
固有インピーダンス	6
コロナ放電	140

さ行

サーキュレータ	213
再送信設備	118
雑音指数	204
雑音指数（Noise Figure）	72
サンプリング定理	43, 44
磁器コンデンサ	167

磁気シールド	124
磁鋼片	123
支持絶縁物	140
指数曲線	196
自然雑音	71
自動整合	165
遮断波長	192
シャノンの定理	73
終端抵抗器	106
摺動可変	166
周波数共用器	213
周波数帯域幅	71
シュペルトップ	31
磁歪素子	209
真空コンデンサ（VVC）	167
人工雑音	71
進行波	114
進行波アンテナ	38
進行波給電	117
垂直モノポールアンテナ	36
水力発電	99
スーパターンアンテナ	214
スタブ	132
ステレオ放送局	130
ストレーキャパシティ	108
スペクトラム拡散通信	73
スミスチャート	135, 170
整合（matching）	4
静電界	5
静電シールド	124
絶対温度	71
線条（ワイヤー）アンテナ	12
選択性フェージング	81
尖頭電力	54
尖頭波管	65
掃引信号発生器	96
総合効率	61
送電線放送	118
ソーラ発電システム	100
損失抵抗 Rl	35

た行

大気雑音	71
ダイナトロン特性	84

耐雷	121
ダウンリード	189
多波共用	13
単体効率	61
ダンピング・ファクタ	40
遅延プロファイル	177
中波 AM	67
超短波放送	67
超伝導コイル	99
直流回路の VSWR	181
直流の帰路	46
直結ドライバー回路	44
直交軸検波	127
定 K 形フィルタ	101
低速波回路（slow-wave structure）	202
テーパ変成器	196
テーラー増幅器	18
デジタル送信機	24
テフロン	186
電荷移動抵抗	97
電気二重層	97
電磁ラッパ	198
伝搬定数	173
電力伝送効率	29
電力容量	28
電歪素子	209
等価 C/N	175
同期検波回路	128
同期検波方式	126
同軸線路	27
導体棒	195
導波管窓	194
導波管変成器	195
特性インピーダンス	6, 187
ドハティ増幅器	65
止まり木方式	121
トラス柱	13
トランジェント電圧・電流	23
トンネル・ダイオード	85

な行

ニカド電池	98
二乗加算値	127
ニッケル水素蓄電池	98
ネガティブピーククリッピング	46

は行

パーセント・インピーダンス	3
バイナリーステップ	49
ハイパブリック sin	173
パイロット電池	98
派生的位相ひずみ成分	128
波長短縮	172
波長短縮率	27
バックオフ	68, 75
バッテリの管理	97
波動（サージ）インピーダンス	6
反射波	114
搬送波管	65
搬送波抑圧振幅変調	127
ピーク電圧	28
光ファイバ	123
非常災害放送	163
非常用アンテナ	163, 164
皮相抵抗	2
皮相電力	135
ビッグステップ	49
ビデオトランス	124
ブースタ増幅器	21
フーリエ級数	18
フーリエ変換	95
風力発電装置	100
フェライトコア	120
複合カット	186
輻射器（ラジエータ）	197
複素電圧測定回路	206
符号化率	77
符号間干渉	78
符号間距離	77
符号長	77
不純物濃度	85
不整合損失	29
負性抵抗	84, 102, 201
負性抵抗素子	87
プッシュプル	41
プッシュプル増幅器	42
負のコンダクタンス	85
不平衡型合成装置	92

フライホイール	99
フライホイール効果	18, 145
フラッパー	136
ブリッジダイプレクサ	213
ブリッジド T 型回路	88, 211
フルブリッジ回路	57
平行 2 線	26
平衡形合成装置	92
並列抵抗補助線	160
ベタアース	121
ヘリックス	203
変圧器	155
妨害波抑圧方法	131
方向性結合器	111
放射抵抗 Rr	35
放射電磁界	5
放射リアクタンス	35
ボールギャップ	23
ボルツマン定数	71

ま行

前ゴースト	74
マクスウェルの電磁方程式	5
マジック T 回路	205
マルチパス	74, 177
無間長の線路	117
無給電光伝送方式	123
無効電力	135, 145
無停波切り替え装置	91
メモリー効果	98
モーショナル・インピーダンス	40

や行

夜間放送休止時間帯	126
有効電力	135
誘電体材料	27
誘導サージ	152
誘導雑音	123
誘導性負荷	60
誘導電磁界	5
誘導電動機	155
溶液抵抗	97
容量性負荷	60
抑圧 D/U 比	129
予測制御方式	188
予備放送所アンテナ	130

ら行

ラダー抵抗減衰器	104
ラットレース回路	92
リチウム電池	98
量子化雑音	49
レアーショート	136
漏えいケーブル	117
ロンビックアンテナ	38

●著者略歴
若井　一顕（わかい　かずあき）

第一工業大学工学部情報電子システム工学科教授
1969年　NHK〈日本放送協会〉入局
技術本部鳩ヶ谷放送所、川口放送所、技術管理部、名古屋放送局技術部、技術局技術管理部、技術開発センター、送信技術センター、菖蒲久喜ラジオ放送所所長　などを歴任
JICA エキスパートでタイ国駐在
米国ニュージャージー、ロサンゼルスに放送衛星開発で駐在
2007年　株式会社 NHK アイテック　入社
2008年　第一工業大学工学部情報電子システム工学科教授　現在に至る

（取得資格）
工学博士（静岡大学）、経営学修士（MBA）（日本大学）、技術士（電気電子部門）
第1級無線技術士、第1種電気主任技術者

（学会活動、他）
電子情報通信学会、信頼性研究会専門委員、映像情報メディア学会、放送技術研究会専門員、日本技術士会、桜門技術士会、鹿児島県技術士会会員、IEEE Senior Member、電子情報通信学会シニア会員

（専門分野）
・放送技術（地上デジタル放送、衛星放送、電波伝搬、中波技術）
・コミュニティFM の伝送解析、システム設計
・無線設備の設計論、信頼性工学
・電波法・電波防護指針、EMC,EMI 技術、ベクトル整合論応用
・高周波計測、電波工学、マイクロ波工学、測定器の設計開発
・国際ビジネス論、技術と経営、マーケティング論、経営リーダーシップ論、情報リテラシー

（著書）
「今日からモノ知りシリーズ　トコトンやさしい無線通信の本」

回路設計者のための
インピーダンス整合入門

NDC 541.1

2015 年 3 月 30 日　初版 1 刷発行

（定価はカバーに表示してあります）

Ⓒ著　者　　若井　一顕
　発行者　　井水　治博
　発行所　　日刊工業新聞社
　　　　　　〒103-8548
　　　　　　東京都中央区日本橋小網町 14-1
　電　話　　書籍編集部　03（5644）7490
　　　　　　販売・管理部　03（5644）7410
　F A X　　03（5644）7400
　振替口座　00190-2-186076
　U R L　　http://pub.nikkan.co.jp/
　e-mail　　info@media.nikkan.co.jp
　印刷・製本　　美研プリンティング

落丁・乱丁本はお取り替えいたします。　　2015 Printed in Japan
ISBN978-4-526-07388-5　C3054

本書の無断複写は、著作権法上の例外を除き、禁じられています。